高等院校计算机系列教材

C++程序设计教程

主　编　刘　宏
副主编　邱建雄　谢中科
编　委　戴经国　张历卓　张小梅

武汉大学出版社

图书在版编目(CIP)数据

C++程序设计教程/刘宏主编；邱建雄,谢中科副主编. —武汉:武汉大学出版社,2005.8
（高等院校计算机系列教材）
ISBN 7-307-04583-4

Ⅰ.C… Ⅱ.①刘… ②邱… ③谢… Ⅲ.C语言—程序设计—高等学校—教材 Ⅳ.TP312

中国版本图书馆CIP数据核字(2005)第059717号

责任编辑：杨华　　黄金文　　责任校对：刘欣　　版式设计：支笛

出版发行：武汉大学出版社　　（430072　武昌　珞珈山）
　　　　　（电子邮件：wdp4@whu.edu.cn　网址：www.wdp.com.cn）
印刷：湖北民政印刷厂
开本：787×980　1/16　印张：16.125　字数：255千字
版次：2005年8月第1版　2006年7月第2次印刷
ISBN 7-307-04583-4/TP·163　　定价：26.00元

版权所有，不得翻印。凡购买我社的图书，如有缺页、倒页、脱页等质量问题，请与当地图书销售部门联系调换。

前言

针对将 C 与 C++ 截然分开的传统教学模式,基于目前新入学本科生的计算机基础普遍提高的现实,作者提出了将 C 与 C++ 结合起来进行系统讲述的新教学思路。为此,我们组织了多位长期从事程序设计、数据结构、面向对象技术教学的教师,依托丰富的教学经验,系统地讲述 C++(含 C)程序设计。这样有利于学生在低年级阶段尽快进入计算机专业,能够打下坚实的程序设计基础,更是提前培养了学生进行面向对象程序设计的思想与技能。这是一项有意义的教学改革尝试,为全省乃至全国的大专院校计算机专业的程序设计基础教学,率先探索出一条新路子。

C/C++ 代表了当前的计算机编程语言,无论是在通用计算机上的开发还是在嵌入式系统上的开发,都体现了它的明显优势,作为本科生学好 C/C++ 是有益的。尽管它相对其他编程语言来说有一定的难度,但通过努力学习,掌握 C/C++,那么学习其他编程语言时,就能融会贯通。

参加本教材编写工作的有:湖南农业大学张历卓(第一章、第二章第1、2、3节),长沙大学邱建雄(第二章第4节、第三章),长沙理工大学谢中科(第四章、第五章),湖南人文科技大学戴经国(第六章),湖南师范大学刘宏(第七章、第八章、第九章),黔东南民族高等师范专科学校张小梅(第十章、第十一章)。本教材体现了作者多年的教学经验,经过多次讨论与修改才得以完成。

由于时间仓促,错误难免,恳请读者批评。

作者
2005.5

目　录

第一章　C++语言概述 ... 1
1.1　C++语言简介 ... 1
1.1.1　C++语言的发展 ... 1
1.1.2　C++语言的特点 ... 2
1.2　C++程序简介 ... 2
1.3　C++程序的开发环境 ... 4
1.3.1　Turbo C++介绍 ... 4
1.3.2　Visual C++介绍 ... 7
思考题一 ... 10
实训一 ... 10

第二章　C++语言编程基础 ... 11
2.1　C++语言词法 ... 11
2.1.1　注释 ... 12
2.1.2　关键词 ... 12
2.1.3　标识符 ... 13
2.1.4　常量 ... 13
2.1.5　变量 ... 13
2.1.6　运算符 ... 14
2.1.7　分隔符 ... 14
2.2　基本数据类型 ... 15
2.2.1　整型 ... 16
2.2.2　浮点型 ... 17
2.2.3　字符型 ... 19
2.2.4　布尔型 ... 20
2.2.5　类型转换 ... 20
2.3　运算符与表达式 ... 22
2.3.1　算术运算符及表达式 ... 22
2.3.2　赋值运算符及表达式 ... 23

  2.3.3 关系运算符及表达式 24
  2.3.4 逻辑运算符及表达式 24
  2.3.5 位运算符 25
  2.3.6 条件运算符 27
  2.3.7 运算符的优先级 27
 2.4 流程控制语句 28
  2.4.1 C++ 语言语句 28
  2.4.2 if 语句与条件选择控制 31
  2.4.3 switch 语句与多项选择 36
  2.4.4 while 语句 38
  2.4.5 do...while 语句 39
  2.4.6 for 语句 40
  2.4.7 break 语句和 continue 语句 41
  2.4.8 循环嵌套 43
  2.4.9 程序设计综合举例 44
  2.4.10 return 语句 46
 思考题二 46
 实训二 48

第三章 函数与程序结构 50
 3.1 函数与程序结构概述 50
 3.2 函数的定义与声明 52
  3.2.1 函数的定义 52
  3.2.2 函数声明 54
 3.3 函数参数和函数调用 55
  3.3.1 函数形式参数和实际参数 55
  3.3.2 函数的返回值 56
  3.3.3 函数调用 56
 3.4 函数的嵌套与递归调用 57
  3.4.1 函数的嵌套调用 57
  3.4.2 递归调用 58
 3.5 变量作用域和存储类型 59
  3.5.1 局部变量与全局变量 59
  3.5.2 动态存储变量和静态存储变量 60
 3.6 内联函数 61
 3.7 重载函数与默认参数函数 62

3.7.1 重载函数	62
3.7.2 默认参数函数	63
3.8 编译预处理	64
3.8.1 文件包含	64
3.8.2 宏定义	64
3.8.3 条件编译	65
小结	65
思考题三	65

第四章 数组与字符串 …… 66

4.1 数组的概念	66
4.2 数组的定义	67
4.2.1 一维数组	67
4.2.2 二维数组	74
4.3 数组作为函数的参数	79
4.3.1 用数组元素作函数参数	79
4.3.2 用数组名作函数参数	80
4.3.3 用多维数组名作函数参数	82
4.4 数组应用举例	84
4.5 字符串	93
4.5.1 字符串概念	93
4.5.2 字符串函数	96
4.5.3 字符串应用举例	99
小结	104
思考题四	104

第五章 指针 …… 107

5.1 指针的概念	107
5.2 指针变量	108
5.2.1 指针定义	108
5.2.2 指针运算符(& 和 *)	109
5.2.3 引用变量	110
5.2.4 多级指针与指针数组	112
5.2.5 指针与常量限定符	115
5.3 指针与数组	116
5.3.1 指针与一维数组	116

5.3.2 指针与二维数组 ·· 122
　　5.3.3 指针与字符数组 ·· 125
　　5.3.4 指针与函数 ·· 127
5.4 指针运算 ·· 131
5.5 动态存储分配 ·· 134
　　5.5.1 new 操作符 ·· 134
　　5.5.2 delete 操作符 ··· 135
小结 ·· 138
思考题五 ·· 139

第六章　结构体与共用体 ·· 141
6.1 结构体 ·· 141
　　6.1.1 结构体的声明 ·· 141
　　6.1.2 结构体变量的引用及初始化赋值 ···································· 143
6.2 嵌套结构体 ·· 144
6.3 结构体数组 ·· 146
　　6.3.1 结构体数组的定义和初始化 ·· 146
　　6.3.2 结构体数组成员的引用 ·· 147
6.4 结构体指针 ·· 148
　　6.4.1 指向结构体变量的指针 ·· 148
　　6.4.2 指向结构体数组的指针 ·· 150
　　6.4.3 用结构体变量和指向结构体变量的指针作为函数参数 ·················· 151
6.5 链表的基本操作 ·· 153
　　6.5.1 链表基本知识 ·· 153
　　6.5.2 内存动态管理函数 ·· 154
　　6.5.3 建立链表 ·· 155
　　6.5.4 输出链表 ·· 158
　　6.5.5 对链表的删除操作 ·· 159
　　6.5.6 对链表的插入操作 ·· 160
　　6.5.7 对链表的综合操作 ·· 162
6.6 共用体 ·· 164
　　6.6.1 共用体的概念 ·· 164
　　6.6.2 共用型变量的定义 ·· 165
　　6.6.3 共用型变量的引用 ·· 166
　　6.6.4 共用体类型数据的特点 ·· 167
　　6.6.5 共用体变量的应用 ·· 167

6.7 枚举类型 ·· 169
6.8 用 typedef 定义 ·· 172
思考题六 ·· 173

第七章 类与对象及封装性 ································ 175
7.1 类的抽象 ·· 175
7.2 类的定义与对象的生成 ································ 175
7.3 构造函数和析构函数 ··································· 180
7.4 构造函数的重载 ·· 184
7.5 对象指针 ·· 185
思考题七 ·· 187

第八章 类的深入 ·· 189
8.1 友元函数 ·· 189
8.2 对象传入函数的讨论 ··································· 193
8.3 函数返回对象的讨论 ··································· 196
8.4 拷贝构造函数 ··· 198
8.5 this 关键字 ··· 202
思考题八 ·· 203

第九章 运算符重载 ·· 205
9.1 使用成员函数的运算符重载 ·························· 205
9.2 友元运算符函数 ·· 210
9.3 重载关系运算符 ·· 213
9.4 进一步考查赋值运算符 ································ 214
9.5 重载 new 和 delete ···································· 216
9.6 重载[ ] ··· 218
9.7 重载其他运算符 ·· 221
思考题九 ·· 223

第十章 继承性 ··· 224
10.1 继承性的理解 ·· 224
10.2 类的继承过程 ·· 225
10.3 基类访问控制 ·· 227
10.4 简单的多重继承 ······································· 232

10.5 构造函数/析构函数的调用顺序 ································· 233
10.6 给基类构造函数传递参数 ······································· 234
10.7 访问的许可 ··· 236
10.8 虚基类 ·· 237
思考题十 ··· 239

第十一章 多态性 ··· 241
11.1 指向派生类型的指针 ·· 241
11.2 虚函数 ·· 243
11.3 继承虚函数 ··· 245
11.4 多态性的优点 ··· 245
11.5 纯虚函数和抽象类 ·· 247
思考题十一 ··· 248

第一章 C++语言概述

【学习目的和要求】

通过本章的学习,了解C++语言的发展、特点以及面向对象7程序设计的几个基本概念,掌握C++应用程序的一般结构。通过技能训练,掌握一种C++环境的基本使用方法。

1.1 C++语言简介

1.1.1 C++语言的发展

C语言是贝尔实验室于20世纪70年代初研制出来的,后来又被多次改进,并出现了多种版本。C语言既具有高级语言的特点,表达力丰富,可移植性好;又具有低级语言的一些特点,能够很方便地实现汇编级的操作,目标程序效率较高。刚开始形成的C语言,受到那些想建立更快、更有效代码的程序员的欢迎。有一位名叫Bjarne Stroustrup的人却不满足于仅仅是生产快速代码,他想创建面向对象的C语言。他开始对C语言的内核进行必要的修改,使其能满足面向对象模型的要求。C++从此产生。

C++语言自诞生以来,经过开发和扩充已形成一种完全成熟的编程语言。现在C++已由ANSI、BSI、DIN、其他几个国家标准机构和ISO定为标准。ISO标准于1997年11月4日经投票正式通过。

C++标准演变了许多年。C++模板则是近几年来对此语言的一种扩展,模板是根据类型参数来产生函数和类的机制,有时也称模板为"参数化的类型"。使用模板,可以设计一个对许多类型的数据进行操作的类,而不需要为每个类型的数据建立一个单独的类。标准模板库(Standard Template Library,STL)和微软的活动模板库(Active Template Library,ATL)都基于这个C++语言扩展。

C++标准可分为两部分——C++语言本身和C++标准库。标准库提供了标准的输入/输出、字符串、容器(如矢量、列表和映射等)、非数值运算(如排序、搜索和合并等)和对数值计算的支持。应该说,C/C++包含了相对少的关键字,而且很多最有用的函数都来源于库,C++标准库实现容器和部分算法就是STL。

1.1.2　C++语言的特点

C++语言之所以被人们广泛认可,是因为它具有许多先进的技术特点。

1. 优越的性能

其性能有两个方面:算法速度和机器代码效率。一个算法可以定义为数据通过系统的概念化的路径,它描述一些点,在这些点上,数据能够被操作并可转换产生某个结果。例如,一个算法定义为获取一个字符串,计算字符串中的字符个数,并作为结果返回的过程。算法与语言是独立的,所以在编程之前必须设计算法,编写一个快速程序的第一个步骤是设计良好的算法,能以最少的操作步骤得出问题的答案。第二个步骤是选择语言,这也影响程序的速度。

从性能的角度考虑,用汇编语言编写程序是最佳的选择,它是计算机能理解的自然语言。但是,几乎没有人用汇编语言编写完整的程序,因为这样做极其乏味。另一个最佳的选择是C语言。然而,由Visual C++提供的所有工具都产生C++,而不是C。使用Visual C++的向导可以生成大量的实用代码,而不必人工地编写代码。从编写程序的难易程度和程序的性能综合考虑,C++是最佳的选择。

C++性能良好,因为它被编译为机器代码。对VBScript和Java等语言,代码在运行时由程序解释,而且每次运行程序时都要将代码转换为机器码,这样做效率比较低,不仅仅是已编译过的C++程序运行得较快,而且微软C++编译器已存在多年。这意味着微软的编译器程序员已经把许多优点集中到编译器上,以致它能产生非常高效的机器码。

2. 全面兼容C

C++语言保持了C简洁、高效和接近汇编等特点,同时对C的类型系统进行了改革和扩充。C++对C的兼容性体现在许多C代码的程序不必修改就可被C++所使用上。为保持这种兼容性,C++也支持面向过程的程序设计,因此C++不是一个纯正的面向对象语言。

3. 支持面向对象的方法

C++是一种支持面向对象的程序设计语言(Oriented Object Programming,OOP)。C++语言代码以类的形式组成,使得应用程序的开发变得十分容易。C++面向对象技术的特征主要有封装性、继承性和多态性,本书将在以后的内容中详细介绍。

1.2　C++程序简介

在开始学习C++语言编程之前,应该了解一下C++源程序的基本构成,以及如何书写、编译和运行C++程序,以便建立一个总体的印象。

用C++语言编写应用程序,再到最后得到结果,需要经过3个过程,即编写源程序、编译和运行。

1.编写源程序

一个简单的C++应用程序如例1-1所示。

【例1-1】 一个简单的C++应用程序。

```
// —— —— —— —— —— —— —— —— —— —— —— —— —— —— —— ——
//      first.cpp
// —— —— —— —— —— —— —— —— —— —— —— —— —— —— —— ——
#include <iostream.h>
void main ()
{
    // Output a string
    cout << "This is my first C++ program." << endl;
}
```

通过这个程序可以看到,C++应用程序的结构并不复杂。编写C++程序时必须遵循C++语言的编程原则。一个简单的C++应用程序的基本格式有以下几点规定:

(1) C++程序是无格式的纯文本文件,可以用任何文本编辑器(例如,记事本、写字板)来编写C++程序。

(2) C++程序(源代码)保存为文件时,建议使用默认扩展名.cpp。文件名最好有一定提示作用,能使人联想到程序内容或功能。

(3) 每个C++程序都由一个或多个函数组成,函数则是具有特定功能的程序模块。对一个应用程序来讲,还必须有一个main()函数,且只能有一个main()函数。该函数标志着执行应用程序时的起始点。例1-1中关键字void表示main()函数无返回值。

(4) 任何函数中可以有多条语句。例1-1的main()函数中只有一条语句,即:

cout << "This is my first C++ program." << endl;

该语句用来在屏幕上输出一个"This is my first C++ program."字符串。cout是C++的一个对象,可通过它的操作符"<<"向显示设备输出信息。

(5) C++程序中的每条语句都要以分号";"结束,包括以后程序中出现的类型说明等。

(6) 为了增加程序的可读性,程序中可以加入一些注释行,例如,用"//"开头的行。关于C++语言的注释定义符说明详见本书第二章。

(7) 在C++程序中,字母的大小写是有区分意义的,因此main、Main、MAIN都是不同的名称。作为程序的入口只能是 main() 函数。

2．编译

当 C++ 程序编写完成后，必须经过 C++ 编译器把 C++ 源程序编译成.obj 的目标文件，然后使用连接工具将目标文件连接为.exe 的应用程序。在 C++ 集成环境中，往往可以通过 Build 命令一次完成这两个步骤。

3．运行

根据运行的不同目的，运行可分为应用运行、测试运行和调试运行。应用运行是指程序正式投入使用后的运行，目的是通过程序的运行完成预先设定的功能，从而获得相应的效益。测试运行是应用运行前的试运行，是为了验证整个应用系统的正确性，如果发现错误，应进一步判断错误的原因和产生错误的大致位置，以便加以纠正。调试运行则是专门为验证某段程序的正确性而进行的。运行时，通过输入一些特定的数据，观察程序是否产生预期的输出。如果没有，则通过程序跟踪方法，观察程序是否按预期的流程运行，程序中某些变量的值是否如预期的那样改变，从而判定出错的具体原因和位置，再加以纠正。

1.3　C++ 程序的开发环境

目前，比较流行的 C++ 程序集成开发环境有基于 Windows 平台的 Microsoft Visual C++ 和 Borland C++ Builder 以及基于 DOS 平台的 Turbo C++ 和 Borland C++。下面对 Visual C++ 和 Turbo C++ 开发环境的使用作简要介绍。

1.3.1　Turbo C++ 介绍

Turbo C++ 3.0 软件是 Borland 公司在 1992 年推出的强大的 C 语言程序设计与 C++ 面向对象程序设计的集成开发工具。它只需要修改一个设置选项，就能够在同一个集成开发环境（IDE）下设计和编译以标准 C 和 C++ 语法设计的程序文件。

1．启动 Turbo C++

当 Turbo C++ 成功安装后，将自动在其安装目录下建立一个 BIN 子目录，该子目录下的 TC.exe 为 Turbo C++ 的启动程序，运行该程序可进入 Turbo C++ 集成开发环境，如图 1-1 所示。

2．Turbo C++ 集成开发环境

进入 Turbo C++ 集成开发环境后，可通过 File 菜单下的 New 选项新建 C++ 程序。图 1-2 演示了例 1-1 在 IDE 中编辑后并被保存为 first.cpp。

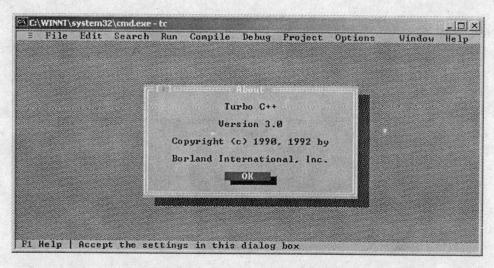

图 1-1　Turbo C++集成开发环境

图 1-2　Turbo C++程序编辑器

3. C++程序编译和连接

在 Turbo C++集成环境中将源程序编辑完毕并且保存后,可以使用 Alt + C 组合键打开 Compile(编译)菜单,选择 Compile 选项(或快捷键 Alt + F9)对源程序进行编译,得到目标文件,然后选择 Link 选项将目标文件连接为可执行程序文件。出现错误则检查修改程序,然后重复上述步骤。C++程序的编译和连接如图 1-3 所示。

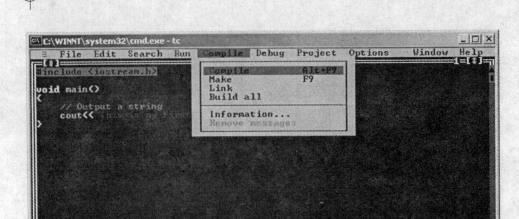

图 1-3　C++程序的编译和连接

4. C++程序执行和结果查看

C++程序在 Turbo C++集成环境中编译连接成功之后,可以使用 Alt+R 组合键打开 Run(运行菜单),选择 Run 选项(或 Ctrl+F9 快捷键)来运行程序。

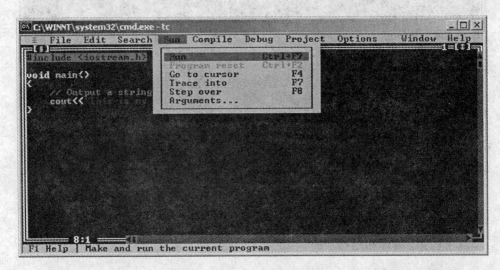

图 1-4　Turbo C++运行菜单

Turbo C++运行菜单如图 1-4 所示。

程序运行后,结果输出窗口需要使用 Windows 菜单下的 User screen 选项查看,

第一章 C++语言概述

或者通过快捷键Alt+F5查看,然后按任意键返回集成环境界面。

1.3.2 Visual C++介绍

Visual C++是美国Microsoft公司最新推出的可视化C++开发工具,是目前计算机开发者首选的C++开发环境。它支持最新的C++标准,它的可视化工具和开发向导使C++应用开发变得非常方便快捷。

Visual C++已经从Visual C++1.0发展到最新的Visual C++7.0版本。不管使用何种版本,其基本操作大同小异。本节以Visual C++6.0为背景简单介绍Visual C++的使用方法。

1. 启动 Visual C++

当Visual C++成功安装后,通过选择Windows桌面的"开始"→"程序"→"Microsoft Visual Studio 6.0"→"Microsoft Visual C++ 6.0"就可以启动Visual C++。Visual C++ 6.0的集成开发环境如图1-5所示。

2. Visual C++集成开发环境

在Visual C++环境中,开发应用程序的第1步是创建一个工程。Visual C++采用工程组织和维护应用程序。工程文件保存了与工程有关的信息。每个工程都保存在自己的目录中。每个工程目录包括一个工作区文件(.dsw)、一个工程文件(.dsp)、至少一个C++程序文件(.cpp)以及C++头文件(.h)。

Visual C++的工程向导简化了工程的创建,出现如图1-6所示的画面。当使用工程向导创建新工程时,向导会自动设置工程的目录框架,创建并保存工程属性;还可以为工程创建一个工程记录文件,该文件的信息会出现在工程源文件的注释中,并会出现在生成的文档中。

Visual C++6.0提供了许多向导,可以极大地节省应用程序开发的时间。选择"File"菜单下的"New"命令项后,出现如图1-6所示的画面。

Visual C++提供的Win32 Console Application工程向导用来生成控制台应用程序,适合C++程序设计的初学者编写简单应用程序。此界面中需要输入工程的名称和存放路径。确定工程名称和存放路径后,工程向导将询问应用程序的创建类型,出现如图1-7所示的画面。可以选择一个空的工程类型,单击Finish(结束)按钮。至此,Vsual C++工程向导已经创建了一个空的控制台工程。

3. 编辑C++源程序

工程创建完成后,需要新建C++源文件以进行源代码编写。此时选择"File"菜单下的"New"命令项后,出现如图1-8所示的画面。

在Files页面中选择C++ Source File,同时输入加入工程的C++程序文件的名

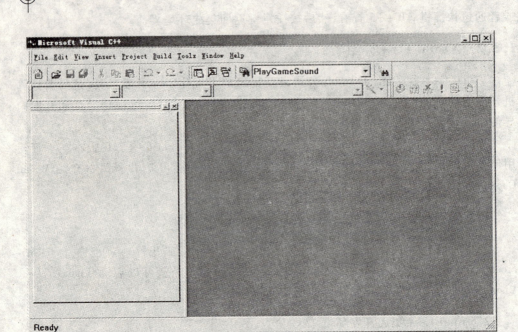

图 1-5　Visual C++ 6.0 集成开发环境

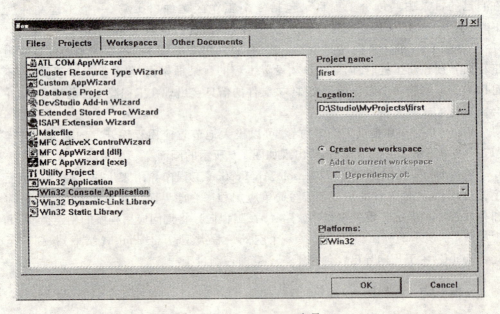

图 1-6　Visual C++6.0 向导

称。单击 OK 后，Visual C++ 将新建一空白 C++ 程序编辑窗口。在该窗口中录入

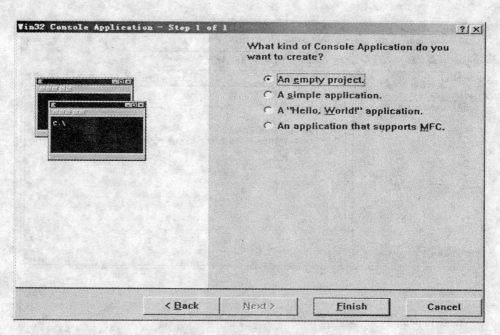

图 1-7 控制台工程向导

C++源程序即可。图 1-9 演示了将例 1-1 录入后的效果。

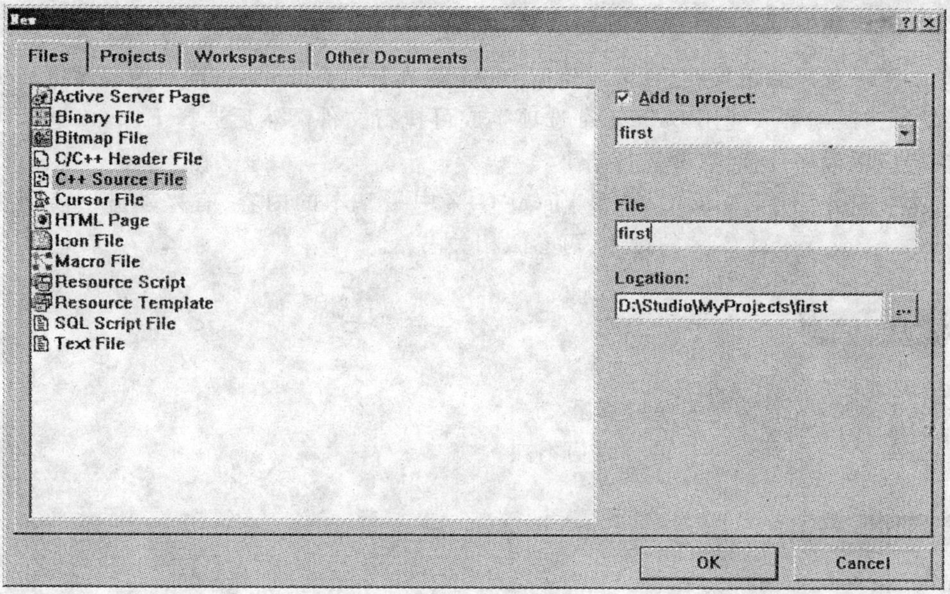

图 1-8 新建 C++源程序文件

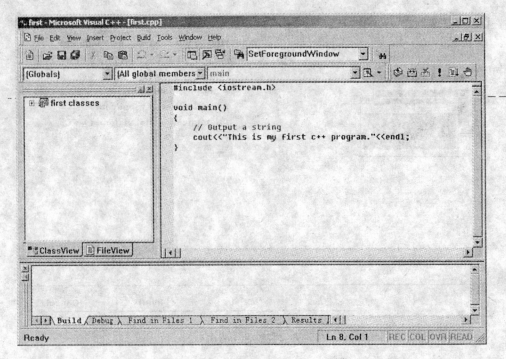

图 1-9　编辑C++源程序

4. 编译和运行

C++源程序编辑保存后,可以使用 Build 菜单下的 Compile 选项对源程序进行编译,没有错误则可以使用 Build Exe 选项生成可执行文件。然后选择 Execute 选项可以执行应用程序,同时查看运行结果。

本节只介绍了 Turbo C++ 和 Visual C++ 中最基本的内容,有兴趣进一步研究 Turbo C++ 或 Visual C++ 的读者,可参阅相关书籍。

思考题一

1.1.　C++语言有哪些特点?

1.2.　C++语言与 C 语言有何不同?

实训一

1.1　熟悉C++语言的应用环境(Turbo C++ 或 Visual C++)。

1.2　掌握C++应用程序的编辑、编译和运行过程。

1.3　将本章中的例子程序在C++应用环境中进行测试。

第二章 C++语言编程基础

【学习目的和要求】

通过本章的学习,掌握C++语言的基本词法、数据类型、运算符与表达式及基本程序控制结构,进而掌握C++程序的编程方法。通过技能实训,掌握一般C++程序的调试方法,达到熟练开发C++一般程序的目的。同时,掌握C++程序的语句概念、程序的三种结构(顺序结构、选择结构、循环结构);会综合应用算术、关系和逻辑表达式来表达相应的流程控制条件,熟练运用if语句、条件运算符、switch语句进行条件选择和多项分支选择程序设计,掌握while、do...while、for和continue、break语句等循环和流程控制语句,能针对实际问题的要求,运用相应的算法,进行合理的流程控制,并正确设计编写相应各种流程的程序。

2.1 C++语言词法

词法是程序语言的基本构成方法。程序被编译时,要对程序的词法进行分析。C++语言是在C语言的基础上发展起来的,它继承了C语言的语言特性,其基本词法相似。为了解C++语言的词法构成,先来看一个例子。

【例2-1】 C++词法应用程序的例子。

```
// -- -- -- -- -- -- -- -- -- -- -- -- -- -- --
//      ch02-01.cpp
// -- -- -- -- -- -- -- -- -- -- -- -- -- -- --
/*这是一个简单的C++语言程序
用来计算一矩形的面积。*/
#include <iostream.h>
void main ()                         //主函数,程序入口
{
        int w=4, h=3, area;          //定义变量w,h,area,并给w,h赋值
        area=w*h;                    //用乘法运算符求面积
        cout <<"s = "<< area << endl;  //输出面积
```

例 2-1 中使用了 C++语言中部分基本的词法。C++中的词法包括注释、关键词、标识符、常量、变量、分隔符等。

2.1.1 注释

在程序中加入注释是一个好的编程习惯,程序中加入合理的注释会增强程序的可读性,它不仅对程序调试和修改有益,而且更有利于程序的维护和移交。

注释内容被编译器忽略,因而对程序的执行不产生任何影响。

C++语言支持两种形式的注释,其中前一种与 C 语言形式相同,而后一种是 C++语言新增加的形式,它们分别是:

1. /*注释内容*/

"/*"和"*/"之间的所有字符均为注释。这种形式的注释可以扩展到多行,但不能嵌套。

2. //注释内容

由"//"开始到行末的内容均为注释。这种形式的注释只能为一行。如例 2-1 中第 1,2,3 行。

2.1.2 关键词

关键词是构成编程语言本身的符号,是一种特殊的标识符,又称保留字。例 2-1 中 include,void,int,cout 等都是 C++的关键词。

ANSI C 规定有 32 个关键字,ANSI C++在此基础上补充了 29 个关键字。Visual C++和 Borland C++对关键字进行了不同的扩充。

表 2-1　　　　　　　　　　关键词表

ANSI C 关键词			
auto	break	case	char
const	continue	default	do
double	else	enum	extern
float	for	goto	if
int	long	register	return
short	signed	sizeof	return
struct	switch	typedef	union
unsigned	void	volatile	while

续表

ANSI C++ 关键字			
bool	catch	class	const_cast
delete	dynamic_cast	explicit	false
friend	inline	mutable	namespace
new	operator	private	protected
public	reinterpret_cast		static_cast
templete	this	throw	true
try	typeid	typename	using
virtual	wchar_t		

关键词在C++语言中有其特殊的含义,不能用做一般的标识符,即一般的标识符(变量名、类名、方法名等)不能与其同名。true,false 和 NULL 通常也被看成是关键词,其中 true 和 false 是布尔值,NULL 用来表示空值。

2.1.3 标识符

标识符是能被编译器识别的名字,可以是任意长度。例 2-1 中 w,h,area 都是 C++语言合法的标识符。

构造一个标识符需要按照一定的规则。C++语言标识符的命名规则是:
(1) 由字母或下画线"_"开头,同时由字母、0~9 的数字或下画线"_"组成。
(2) 不能与关键词同名。
例如:school_id,_age,es10 为合法的标识符。
    school-id,man*,2year,class 为不合法的标识符。
几点说明:
(1)C++语言关键词不能用做普通的标识符使用。
(2)标识符不宜过短,过短的标识符会导致程序的可读性变差;但也不宜过长,否则将增加录入的工作量和出错的可能性。

2.1.4 常量

常量是指直接用于程序中的、不能被程序修改的、固定不变的量。C++语言中的常量值是用数值或字符串表示的。C++语言常量包括整数、浮点数、布尔、字符、字符串五种类型。例 2-1 中数字 3、4 都是 C++语言的整数常量。

2.1.5 变量

变量是指C++语言编程中合法的标识符,是用来存取某种类型值的存储单元,其中存储的值可以在程序执行的过程中被改变。

在C++语言中用到的变量必须**先定义后使用**。对变量的定义就是给变量分配相应类型的存储空间。

定义变量的一般形式为：

[<变量修饰符>] <变量类型说明符> <变量列表>[=<初值>]

其中：

（1）变量修饰符是可选项,说明了变量的访问权限和某些规则。

（2）变量类型说明符,确定了变量的取值范围以及对变量所能进行的操作规范,关于变量类型将在本章2.2节中详细讲解。

（3）变量列表,由一个或多个变量名组成。当要定义多个变量时,各变量之间用逗号分隔。

（4）初值是可选项,变量可以在定义的同时赋初值,也可以先定义,在后续程序中赋初值。

变量名是程序引用变量的手段。C++语言中的变量名除了符合标识符的命名规则外,还必须满足下列约定：

（1）变量名不能与关键词相同。

（2）C++语言对变量名区分大小写。

（3）变量名应具有一定的含义,以增加程序的可读性。

C++语言变量包括整数、浮点数、布尔型、字符型四种类型。

例2-1中 int w=4,h=3,area定义了三个变量,w,h是整型变量,并赋了初值,area是也整型变量。

2.1.6 运算符

运算符是一种特殊字符,又称操作符,是对变量或其他对象进行运算操作的特定符号。运算符按其功能可以分为六类:算术操作运算符、位操作运算符、关系操作运算符、逻辑操作运算符、赋值操作运算符和条件操作运算符。如例2-1中 area=w*h 使用了C++语言的算术运算符"*"。

2.1.7 分隔符

分隔符是C++语言中用做特定作用的字符或字符的组合,分隔符的主要作用是告诉编译器如何分隔和组合代码。

C++语言中使用的分隔符共五种:"()","{}","[]",";",","。

1. 括号()

括号"()"用来分隔表达式、组合表达式或表达式方法调用。建议在复杂的表达式中多使用括号,以增强程序的可读性。

2. 花括号{}

花括号"{}"表示复合语句,即一个程序块的开始和结束。"{}"中所有部分表示一个类程序块。

3. 方括号[]

方括号"[ ]"用来表示一维或多维数组的下标。

4. 逗号,

逗号","用来分隔方法参数中的参数、同一类型变量的连续声明以及用于逗号表达式。例2-1中第9行声明变量语句中逗号作为变量分隔。

5. 分号;

分号";"是语句的终止符,任何合法的C++语言表达式语句后面必须有分号,花括号后面没有分号。例2-1中每条语句的后面都有";"。

空格、制表符、换行符以及注释符是特殊的分隔符,用来分隔其他标记。

2.2 基本数据类型

数据类型指明变量或表达式的状态和行为,数据类型决定了数的取值范围和允许执行的运算符集。C++语言数据类型可以分为两大类:基本类型和引用类型。基本类型是指不能再分解的数据类型,其数据在函数的调用中是以传值方式工作的;引用类型有时也称复合类型,它是可以分解为基本类型的数据类型,其数据在函数调用中是以传址方式来工作的。本节主要介绍C++语言的基本数据类型及其类型的基本转换。为了解C++语言的基本数据类型,先来看一个例子。

【例2-2】 C++语言基本数据类型应用程序的例子。

```cpp
// -- -- -- -- -- -- -- -- -- -- -- -- -- -- -- -- -- -- -- -- --
//      ch02-01.cpp
// -- -- -- -- -- -- -- -- -- -- -- -- -- -- -- -- -- -- -- -- --
void main ()
{
    unsigned char y, b = 0x55;
    short a, s = 0x55ff;
    int e, i = 1000000;
    long g, l = 0xfffL;
    char j = '1', c = 'c';
```

```
    float k, f=0.23f;
    double m, d=0.7e-3;
    e=(int)f;
    i+=j;
}
```

例 2-2 中包含了 C++ 语言的基本数据类型。C++ 语言的基本数据类型包括整型、浮点数、布尔型和字符型数据。

2.2.1 整型

1. 整数常量

整数常量是不带小数的数值，用来表示正负数。例 2-2 中 0x55、0x55ff、1000000 都是 C++ 语言的整数常量。

C++ 语言的整数常量有三种形式：十进制、八进制、十六进制。

(1) 十进制整数是由不以 0 开头的 0~9 的数字组成的数据。

(2) 八进制整数是由以 0 开头的 0~7 的数字组成的数据。

(3) 十六进制整数是由以 0x 或 0X 开头的 0~9 的数字及 A~F 的字母（大小写字母均可）组成的数据。

例如：0,63,83 是十进制数。

00,077,0123 是八进制数。

0x0,0X0,0X53,0x53,0X3f,0x3f 是十六进制数。

整数常量的取值范围是有限的，它的大小取决于此类整型数的类型，与所使用的进制形式无关。

2. 整型变量类型

整型变量类型有 byte,short,int,long 四种说明符，它们都是有符号整型变量类型。

(1) byte 类型。

byte 类型说明一个带符号的 8 位整型变量。由于不同的机器对多字节数据的存储方式不同，可能是从低字节向高字节存储，也可能是从高字节向低字节存储。这样，在分析网络协议或文件格式时，为了解决不同机器上的字节存储顺序问题，用 byte 类型来表示数据是合适的。例 2-2 中第 6 行即说明了 y 和 b 均为 byte 类型变量。

(2) short 类型。

short 类型说明一个带符号的 16 位整型变量。short 类型限制了数据的存储应为先高字节,后低字节。例2-2中第7行即说明了a和s均为short类型变量。

(3) int类型。

int类型说明一个带符号的32位整型变量。int类型是一种最丰富、最有效的类型。它最常用于计数、数组访问和整数运算。例2-2中第8行即说明了e和i均为int类型变量。

(4) long类型。

long类型说明一个带符号的64位整型变量。对于大型计算,常常会遇到很大的整数,并超出int所表示的范围,这时要使用long类型。例2-2中第9行即说明了g和l均为long类型变量。

整数类型的取值范围变化很大,它们之间的差异如表2-2所示。

表2-2　　　　　　　　整数类型的取值范围

类型	宽度	取值范围
long	64	−9223372036854775808 ~ 9223372036854775807
Int	32	−2147483648 ~ 2147483647
short	16	−32768 ~ 32767
byte	8	−128 ~ 127

3. 说明

(1) 在为byte和short类型分配内存空间时,C++语言运行器一律按32位机的情形进行分配,这是因为现在大多数机器字长为32位。

(2) 如果某一类型的变量放不下一个较大的值,该值就会被取模以使它处于合法的范围内。

2.2.2 浮点型

1. 浮点数常量

浮点数是带有小数的十进制数,可用一般表示法或科学记数法表示。例2-2中0.23f、0.7e−3都是C++语言的浮点数常量。

(1) 一般表示法:十进制整数 + 小数点 + 十进制小数。

(2) 科学记数法:十进制整数 + 小数点 + 十进制小数 + E(或e) + 正负号 + 指数。

例如:3.14159,0.567,9777.12 是一般表示法形式,

　　　1.234e5,4.90867e−2 是科学记数法形式。

C++语言的浮点数常量在机器中有单精度和双精度之分。单精度以32位形式存放,用f/F做后缀标记(可以省略);双精度则以64位形式存放。当一个浮点数常量没有特别指定精度时,则它为双精度浮点数常量。例2-2中0.23f为一般表示法的单精度浮点数,0.7e-3为科学记数法的双精度浮点数。

2. 浮点变量类型

浮点变量也称实数变量,用于需要精确到小数的函数运算中,有 float 和 double 两种类型说明符。

(1) float 类型。

float 类型是一个位数为32位的单精度浮点数。它具有运行速度较快,占用空间较少的特点。例2-2中第11行即说明了 k 和 f 均为 float 类型变量。

(2) double 类型。

double 类型是一个位数为64的双精度浮点数。双精度数在某些具有优化和高速运算能力的现代处理机上运算比单精度数快。双精度类型 double 比单精度类型 float 具有更高的精度和更大表示范围,常常使用。例2-2中第12行即说明了 m 和 d 均为 double 类型变量。

浮点类型的取值范围变化很大,它们之间的差异如表2-3所示。

表2-3　　　　　　　　　　浮点类型的取值范围

类型	位长	取值范围
F/f	32	$1.4012984632481707e-45 \sim 3.40282346638528860e+38$
D/d	64	$4.9406564584124654e-324 \sim 1.79769313486231570e+308$

【例2-3】 列出C++语言的整型数据范围。

```
// -- -- -- -- -- -- -- -- -- -- -- -- -- -- -- -- -- -- -- -- -
//   ch02-03.cpp
// -- -- -- -- -- -- -- -- -- -- -- -- -- -- -- -- -- -- -- -- -
#include <iostream.h>
#include <limits.h>
void main()
{
    int maxint=INT_MAX;
    int minint=INT_MIN;
    long maxlong=LONG_MAX;
```

```
        long minlong=LONG_MIN ;
        short maxshort=SHRT_MAX;
        short minshort=SHRT_MIN;
        cout << "maxint = " << maxint << endl;
        cout << "minint = " << minint << endl;
        cout << "maxlong = " << maxlong << endl;
        cout << "minlong = " << minlong << endl;
        cout << "maxshort = " << maxshort << endl;
        cout << "minshort = " << minshort << endl;
}
```

在 Visual C++ 下运行的结果为:

maxint = 2147483647

minint = – 2147483648

maxlong = 2147483647

minlong = – 2147483648

maxshort = 32767

minshort = – 32768

在 Turbo C++ 下运行的结果为:

maxint = 32767

minint = – 32768

maxlong = 2147483647

minlong = – 2147483648

maxshort = 32767

minshort = – 32768

2.2.3 字符型

1. 字符型常量

字符型常量是指由单引号括起来的单个字符。

例如:'a','A','z',' $ ','?'。

注意:'a'和'A'是两个不同的字符常量。

除了以上形式的字符常量外,C++语言还允许使用一种以"\"开头的特殊形式的字符常量。这种字符常量称为转义字符,用来表示一些不可显示的或有特殊意义的字符。常见的转义字符如表 2-4 所示。

表 2-4　　　　　　　　　　　　　转义字符表

功能	字符形式	功能	字符形式
回车	\r	单引号	\'
换行	\n	双引号	\"
水平制表	\t	八进制位模式	\ddd
退格	\b	十六进制模式	\xdddd
换页	\f	反斜线	\\

2. 字符型变量

字符型变量的类型说明符为 char，它在机器中占 8 位，其范围为 0～255。例 2-2 中第 10 行即说明了 j 和 c 均为字符类型变量。

注意：字符型变量只能存放一个字符，不能存放多个字符，例如：

char a = 'am';

这样定义赋值是错误的。

2.2.4 布尔型

1. 布尔常量

布尔常量只有两个值："true"和"false"，表示"真"和"假"，均为关键词，在机器中位长为 8 位。

2. 布尔型变量

布尔型变量的类型说明符为 bool，用来表示逻辑值。

2.2.5 类型转换

有时在进行某种运算时，会用到不同类型的数据，这种运算称为混合运算。在混合运算中，常会碰到类型转换的情况。

类型转换可分为自动类型转换、强制类型转换两种。

1. 自动类型转换

整型、浮点型、字符型数据可以进行混合运算。运算中，不同类型的数据先转化为同一类，然后进行运算。为了保证精度，转换从低级到高级。

各类型从低级到高级的顺序为：char→int→long→float→double。

2. 强制类型转换

高级数据要转换成低级数据,需使用强制类型转换。这种转换可能会导致溢出或精度下降,故最好不要使用。强制类型转换的格式为:

(type) 变量;

其中,type 为要转换成的变量类型。例 2-2 中第 13 行中 e = (int)f 即为强制类型转换,f 为 float 类型,e 为 int 类型,经(int)f 后,把 f 强制转换为 int 类型。

【例 2-4】 数据类型转换实例。

```
// ---------------------------------
//   ch02-04.cpp
// ---------------------------------
#include <iostream.h>
void main()
{
    char c=50;
    int i=90;
    long l=555L;
    float f=3.5f;
    double d=1.234;
    float f1=f*c;            // float*char -> float
    int i1=c+i;              // char+int -> int
    long l1=l+i1;            // long+int -> long
    double d1=f1/i1-d;       // float / int -> float, float-double ->double
    cout << "f1 = " << f1 << endl;
    cout << "i1 = " << i1 << endl;
    cout << "l1 = " << l1 << endl;
    cout << "d1 = " << d1 << endl;
}
```

运行结果为:

f1 = 175

i1 = 140

l1 = 695

d1 = 0.016

2.3 运算符与表达式

C++语言的运算符是一种特殊字符,它指明用户对操作数进行的某种操作。表达式是由常量、变量、方法调用以及一个或多个运算符按照一定的规则组合,它用于计算或对变量进行赋值。为了解C++语言的运算符与表达式,先来看一个例子。

【例2-5】 C++语言运算符与表达式简单应用实例。

```
//— — — — — — — — — — — — — — — —
// ch02-05.cpp
//— — — — — — — — — — — — — — — —
#include <iostream.h>
void main()
{
    int a=5+4,b;        //a=9
    b=a+3;              //b=12
    bool d1=a<b;        //d1=true
    int f=0;
    d1=f!=0&&a/b>5;     //d1=false
    int c;
    c=a|b;              //c=13
    int max;
    max=(a>b)? a:b;     //max=12
}
```

例2-5中使用了C++语言部分最基本的运算符及表达式。

2.3.1 算术运算符及表达式

算术运算符用于算术运算,其操作数为数值类型或字符类型。算术表达式就是用算术运算符将变量、常量、方法调用等连接起来的式子,其运算结果为数值常量。例2-5中a=5+4即使用了算术运算符。表2-5列出了C++语言的算术运算符。

表2-5　　　　　　　　　　算术运算符

运算符	名称	使用方式	说明
+	加	a+b	a加b
-	减	a-b	a减b

续表

运算符	名称	使用方式	说明
*	乘	a*b	a乘b
/	除	a/b	a除b
%	取模	a%b	a取模b(返回除数的余数)
++	递加	++a,a++	递加
--	递减	--a,a--	递减

单目算术运算符"++"、"--"的前缀与后缀方式,对操作数本身的值的影响是相同的,但对表达式的值的影响是不同的。前缀方式是先将操作数加(或减)1,再将操作数的值作为算术表达式的值;后缀方式是先将操作数的值作为算术表达式的值,再将其加(或减)1。

例如:a 的值为5,

++a 为前缀方式,首先将 a 的值加1,再得到表达式的值为6;

a++ 为后缀方式,首先得到表达式的值为5,再将 a 的值加1。

2.3.2 赋值运算符及表达式

赋值运算符"="就是把右边操作数的值赋给左边操作数。赋值表达式就是用赋值运算符将变量、常量、表达式连接起来的式子。赋值运算符左边操作数必须是一个变量,右边操作数可以是常量、变量、表达式。赋值运算符就是把一个值赋给一个变量。例2-5中 b=a+3 即使用了赋值运算符。

赋值运算符两边的操作数的数据类型如果一致,就直接将右边的数据赋给左边;如果不一致,就需要进行数据类型自动或强制转换,将右边的数据类型转换成左边的数据类型后,再将右边的数据赋给左边变量。

在赋值运算符"="前面加上其他双目运算符,组成复合运算符,如算术运算符"+="等,实际上这是对表达式的一种缩写。例如:表达式 a+=3 等同于 a=a+3。表2-6列出了C++语言常用的复合运算符。

表2-6   复合运算符

运算符	名称	使用方式	说明
+=	相加赋值	a+=b	加并赋值,a=a+b
-=	相减赋值	a-=b	减并赋值,a=a-b
*=	相乘赋值	a*=b	乘并赋值,a=a*b
/=	相除赋值	a/=b	除并赋值,a=a/b
%=	取模赋值	a%=b	取模并赋值,a=a%b

2.3.3 关系运算符及表达式

关系运算符用来对两个操作数进行比较。关系表达式就是用关系运算符将两个表达式连接起来的式子,其运算结果为布尔逻辑值。运算过程为,如果关系表达式成立,结果为真(true),否则为假(false)。例 2-5 中 a<b 即使用了关系运算符。表 2-7 列出了 C++语言的关系运算符。

表 2-7 关系运算符

运算符	名称	使用方法	说明
==	等于	a==b	如果 a 等于 b 返回真,否则为假
!=	不等于	a!=b	如果 a 不等于 b 返回真,否则为假
>	大于	a>b	如果 a 大于 b 返回真,否则为假
<	小于	a<b	如果 a 小于 b 返回真,否则为假
<=	小于或等于	a<=b	如果 a 小于或等于 b 返回真,否则为假
>=	大于或等于	a>=b	如果 a 大于或等于 b 返回真,否则为假

2.3.4 逻辑运算符及表达式

逻辑运算符用来对关系表达式进行运算。逻辑表达式就是用逻辑运算符将关系表达式连接起来的式子,其运算结果为布尔逻辑值。引例中 f!=0&&a/b>5 即使用了逻辑运算符。表 2-8 列出了 C++语言的全部逻辑运算符。

表 2-8 逻辑运算符

运算符	名称	运算符	名称
&&	逻辑与	!	逻辑非
||	逻辑或	^	逻辑异或

表 2-8 中列出的运算符,除逻辑非是单目运算符外,其余都为双目运算符。其运算规则如表 2-9 所示。

表2-9　　　　　　　　　　与、或、非、异或运算规则

表达式 A	表达式 B	A&&B	A||B	A^B	!A
false	false	false	false	false	true
false	true	false	true	true	true
true	false	false	true	true	false
true	true	true	true	false	false

通常,关系运算符和逻辑运算符在一起使用,用于流程控制语句的判断条件。

【例2-6】　使用关系运算符和逻辑运算符实例。

```
// ---------------------------------
//   ch02-06.cpp
// ---------------------------------
#include <iostream.h>
void main ()
{
    int a =25;
    int b =3;
    bool d =a < b;
    cout << a <<" < " << b <<" =";
    cout << d << endl;
    int f =0;
    d =f! =0&&a/f >5;
    cout << "f! =0&&a/f >5 = " << d << endl;
}
```

运行结果为:
25 <3 =0
f! =0&&a/f >5 =0

2.3.5　位运算符

位运算符用来对整型(long,int,char)数中的位进行测试、置位或移位处理,它涉及操作数中的每一位。例2-5 中 c =a|b 即使用了位运算符。表2-10 列出了C++语言的全部位运算符。

表 2-10　　　　　　　　　　　位运算符

运算符	含义	运算符	含义	运算符	含义
~	位非(单目)	>>	右移,最低位移出,最高位补符号位,正数补0,负数补1	<<=	左移并赋值
&	位与	<<	左移,最高位移出,最低位补0	>>=	右移并赋值
|	位或	&=	位与并赋值	^=	位异或并赋值
^	位异或	|=	位或并赋值		

在位运算过程中,如果碰到两个操作数类型不同,即长度不同,例如 A&B,A 是 short 型(16 位),B 是 long 型(32 位),则系统首先将 A 扩展到 32 位,高 16 位用 0 补齐,再按位进行位运算。

【例 2-7】 使用位运算符实例。

```cpp
// -- -- -- -- -- -- -- -- -- -- -- -- -- -- -- -- -- -
//   ch02-07.cpp
// -- -- -- -- -- -- -- -- -- -- -- -- -- -- -- -- -- -
#include <iostream.h>
void main ()
{
    int a = 1;
    int b;
    b =a >> 2;
    cout << "a >> 2 = " << b << endl;
    b =a << 2;
    cout << "a << 2 = " << b << endl;
    b =3;
    int c;
    c =b&a;
    cout << b << "&" << a << " = " << c << endl;
    c = b|a;
    cout << b << "|" << a << " = " << c << endl;
    c = b^a;
    cout << b << "^" << a << " = " << c << endl;
}
```

运行结果为:
a >> 2 = 0
a << 2 = 4
3 & 1 = 1
3 | 1 = 3
3 ^ 1 = 2

2.3.6 条件运算符

条件运算符的符号只有一个"?",它是一个三目运算符,要求有三个操作表达式。

一般形式为:

＜表达式1＞ ？＜表达式2＞ :＜表达式3＞

其中表达式1是一个关系表达式或逻辑表达式。

条件运算符的执行过程:先求解表达式1的值,若表达式1的值为真,则求解表达式2的值,且作为整个条件表达式的结果;若表达式1的值为假,则求解表达式3的值,且作为整个条件表达式的结果。例2-5中 max = (a > b)？a : b 即使用了条件运算符。

条件运算符在某种情况下可以替代 if...else 语句。if...else 语句将在 2.4.1 节中详细讲解。

2.3.7 运算符的优先级

任何一个表达式中都可能存在多个运算符,因此运算符的优先级就显得十分重要。C++语言的运算符优先级如表2-11所示。

运算符的优先级指多种运算操作在一起时运算的先后顺序。优先级高的先运算。在两个相同优先级的运算符运算操作时,则采用左运算符优先规则,即从左到右执行。

表2-11　　　　　　　　运算符的优先级顺序

高
[ ] ( ) :: . ->
++ -- ! ~ & * sizeof new delete +(正号) -(负号)
* / %
+ -
>> <<
< > <= >=
== !=
&
低

续表

高						^					
↑						|					
|						&&					
|						||?:					
|	=	+=	-=	*=	/=	%=	&=	|=	^=	<<=	>>=
↓						,					
低											

2.4 流程控制语句

2.4.1 C++语言语句

2.4.1.1 C++语句概况

程序是若干语句的集合,而语句是命令计算机执行操作的指令。程序包括数据描述部分和数据操作部分。数据描述就是定义数据结构和类型,并给相关数据赋初值;而数据操作是对数据进行加工处理,它又可以分为计算、操作运算语句(如表达式语句)、描述操作运算的执行顺序(如循环控制语句)的流程控制语句。

机器语言指令是计算机直接可以执行的指令,而高级语言编写的语句经过翻译后,变成计算机可以直接执行的机器语言指令。C++语言中语句可大致分为以下五类。

1. 流程控制语句

(1) if ()
    else
(2) for ()
(3) while
(4) do
    while
(5) continue
(6) break
(7) switch
(8) goto
(9) return

2．函数调用语句

由函数调用加一个分号构成。

例如：假如已经定义了求两个变量当中较大者的函数 max，则求变量 a,b 中较大者并返回给主调函数，可以调用该函数如下：

x = max(a,b);

3．表达式语句

由表达式构成的一个语句。典型的由赋值表达式构成一个赋值语句。

a = 3　　赋值表达式
a = 3;　　赋值语句

注意表达式和表达式语句的区别。

4．空语句

由一个分号构成。例如：

;

5．复合语句

用{ }把一些语句括起来形成复合语句。即复合语句包括若干条语句。它实际上就是一个程序段。

2.4.1.2　程序的三种基本结构

程序最终可以分为顺序执行流程结构、选择分支流程结构和循环控制流程结构三种基本结构。

1．顺序执行流程结构

顺序执行流程结构是计算机程序执行的最自然和基本的流程结构，默认方式下都是顺序结构。先执行完 A 语句的操作，再执行 B 语句的操作。流程如图 2-1 所示。

2．选择分支流程结构

选择分支流程结构就是通过对给定的条件进行判断，决定执行两个或多个分支程序段的哪一条分支。当设定的条件 P 成立（"真"）时，执行 A 语句或程序段规定的操作；否则为假，执行 B 语句或程序段规定的操作。

其中，条件 P 是由算术、关系或逻辑表达式所组成的一个复合表达式，其值是逻辑值真或假。

最基本的两条分支的流程结构如图 2-2 所示。

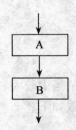

图 2-1 顺序执行流程结构

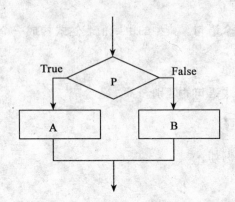

图 2-2 选择分支流程结构

3. 循环控制流程结构

程序经常需要根据相关条件,重复执行某段程序。循环控制流程结构通过对给定的条件进行判断,决定是否多次执行某个程序段(循环体)。当设定的条件 P 成立("真")时,执行 A 语句或程序段(循环体)规定的操作;否则为"假",执行 A 语句后面或程序段后面的语句或程序。

循环结构根据先判断循环条件是否满足,再执行循环体;还是先执行循环体,再判断循环条件是否满足,大致可分为当型循环和直到型循环两种类型。其流程如图 2-3 所示。

已经证明:以上基本结构所组成的程序能够处理任何复杂的问题。

2.4.1.3 流程控制语句

流程控制语句包括分支选择控制语句和循环控制语句两种类型。

1. 分支选择控制语句

分支选择控制语句用于实现分支选择程序结构。C++中实现分支选择控制的语句有 if...else 和 switch 语句,可以实现两条或多条分支的情况。

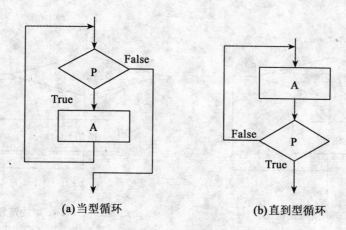

(a) 当型循环　　　　　　(b) 直到型循环

图 2-3　循环控制流程结构

2. 循环控制语句

许多问题需要用到循环控制,循环结构是结构化程序设计的三种基本结构之一。例如:输入全校学生成绩,求若干数之和。

C++ 实现循环的方法有如下几种:

(1) while 语句。
(2) do...while 语句。
(3) for 语句。
(4) 用 if 语句和 goto 语句构成循环。

其中:实现循环最常用的是方法(1)、(2)、(3),而方法(4)一般较少使用。

2.4.2　if 语句与条件选择控制

2.4.2.1　if 语句的基本形式

C++ 中 if 语句有两种基本的形式。

1. if (条件表达式) 语句

如果条件表达式为真,则执行后面的语句或程序段(复合语句),否则执行下一条语句。其流程如图 2-4 所示。

注意:

(1) 条件表达式为算术、关系或逻辑表达式所组成的复合表达式,其值为逻辑值"真"或"假"。

(2) 语句可以为复合语句,即为一段程序。此时,"下一条语句"为复合语句后面的那条语句。

例如:对某个变量 x,当其为偶数时打印输出其值。语句如下:

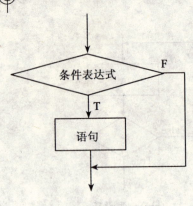
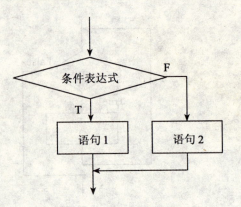

图 2-4　if 结构流程图　　　　图 2-5　if…else 结构流程图

```
if ( x%2 ==0 )
    printf("%d",x );
```

2. if(条件表达式)　语句1　　else　语句2

如果条件表达式为真,则执行语句1,否则执行语句2。

该形式语句适合于两条分支的情况。

其流程如图 2-5 所示。

注意:

(1)条件表达式为算术、关系或逻辑表达式所组成的复合表达式,其值为逻辑值"真"或"假"。

(2)语句1或语句2可以为复合语句,即为一段程序。

【例 2-8】　实现打印变量 x,y 中较大者。程序如下:

```
//— — — — — -
//ch02-08.cpp
//— — — — —
#include <iostream.h>
void main ()
    {
    int x =25;
    int y =3;
    if ( x>y ) printf("%d",x );
    else printf("%d",y );
    }
```

2.4.2.2　if 语句的嵌套

if 语句满足(或不满足)条件时,所执行的语句又是一个 if 语句,此时,称为 if

语句的嵌套。若后面又再跟一个或多个 if 语句,则为 if 语句的多层嵌套。

if 语句的嵌套常见的有如下几种情况。

1. if（条件表达式1） 语句1
　　else if(条件表达式2) 语句2
　　else if （条件表达式3）语句3
　　⋮
　　else　语句 n

该情况的程序流程结构图如图 2-6 所示。

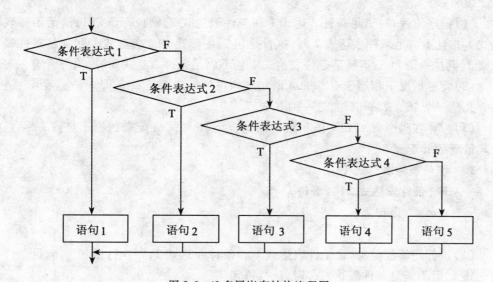

图 2-6　if 多层嵌套结构流程图

说明：

(1)此种情况相当于 else 后面跟的又是一个 if 语句,是 if 语句的多层嵌套。

(2)该方式实现了程序的多条分支流程结构。

(3)else 总是和距它最近的 if 配对。

例如:汽车运输中根据距离的远近,给予一定的折扣优惠。

当距离大于 4 000 千米时,折扣比例为 0.75，距离不大于 4 000 千米而大于 3 000 千米时,折扣比例为 0.8，距离不大于 3 000 千米而大于 2 000 千米时,折扣比例为0.85，距离不大于 2 000 千米而大于 1 000 千米时,折扣比例为 0.9，其他折扣为 0.95。语句如下：

if(distance > 4000)　　discount = 0.75;
　else if (distance >3000)　discount = 0.8;
　else if (distance >2000)　discount = 0.85;
　else if (distance >1000)　discount = 0.9;

else discount = 0.95;

2. if（条件表达式1）
  if（条件表达式2）　语句1　　// 内嵌 if
  else　语句2
 else
  if（条件表达式3）语句3　　　　//内嵌 if
  else　语句4

说明：

(1)程序流程是:满足条件表达式1和条件表达式2,则执行语句1;满足条件表达式1并且不满足条件表达式2时,执行语句2;不满足条件表达式1和满足条件表达式3,则执行语句3;不满足条件表达式1且不满足条件表达式3时,执行语句2。

(2)此种情况下相当于 if...else 语句结构中的语句1是一个 if...else 语句,语句2又是一个 if...else 语句,是一种 if 嵌套。

(3)在存在多个 if...else 语句结构的情况下, if...else 配套的原则是: else 总是与其最近的 if 配套。

3. if（条件表达式1）
  if（条件表达式2）　语句1
  else　　语句2

说明：

(1)该程序流程是:满足条件表达式1和条件表达式2,则执行语句1;满足条件表达式1,但不满足条件表达式2时,执行语句2。

(2)此情况下相当于 if 语句结构中的语句是一个 if...else 语句, else 与其最近的 if(第2个 if)配套。

if 语句的嵌套能实现各种复杂的流程控制,在程序设计中一定要清晰明确,否则不能正确地完成预计的任务,程序就会出错。

其他 if 语句嵌套的典型情况如下：

(1) if（条件表达式1）
  语句1
 else
  if（条件表达式2）　语句2
  else　　语句3

注意：

此处第2个 else 与第2个 if 匹配。

(2) if ()
  { if () 语句1 ;}

else 语句 2

注意：此处 else 与第 1 个 if 匹配。

【例 2-9】 计算阶跃函数 y 的值。

$$y = \begin{cases} -1 & (x < 0) \\ 0 & (x = 0) \\ 1 & (x > 0) \end{cases}$$

```
#include"stdio.h"
void main ()
{
    int x, y ;
    scanf("%d", &x) ;
    if (x>0)    y=1;
    else if (x==0) y=0;
      else y=-1;
    printf("x=%d, y=%d \n", x, y);
}
```

运行结果：
4
x=4,y=1

【例 2-10】 从键盘输入 3 个数 a,b,c,要求按由小到大的顺序输出。
```
#include "stdio.h"
void main ()
{
    float a,b,c,t;
    scanf("%f,%f,%f",&a,&b,&c);
    if ( a>b )
    { t=a; a=b; b=t; }      // to assure a<=b
    if ( a>c )
    { t=a; a=c; c=t; }      //to assure a<=c
    if ( b>c )
    { t=b; b=c; c=t; }      //to assure b<=c
    printf(" %5.2f,%5.2f,%5.2f \n",a,b,c);    // a<b<c
}
```

运行结果：
2.5,3.6,3.2
2.50,3.20,3.60

【例2-11】 判断一年是不是闰年的程序。

闰年 year 的条件是满足下列条件之一：
(1)能被4整除，但不能被100整除；
(2)能被4整除，又能被400整除。
综合运用算术、关系和逻辑表达式，可写成判断闰年的条件表达式如下：
(year % 4 ==0 && year % 100!=0) ||
　　　(year % 4 ==0 && year % 400 ==0)
若上述表达式为真，则 year 为闰年，否则不是闰年。
还可以写出判断非闰年的表达式：
(year%4!=0) || (year%100 ==0 && year%400!=0)
若上述表达式为真，则 year 为非闰年，否则是闰年。
完整的程序如下：

```
#include "stdio.h"
void main ()
{   int year,leap;
    printf("please input the year=");
    scanf("%d",&year);
    if ((year%4==0 && year%100!=0 ) ||
                (year%4==0 && year%400==0 ))
        printf("%d is a leap year!\n", year);
    else
        printf("%d is not a leap year! \n ", year);
}
```

2.4.3　switch 语句与多项选择

当程序的执行流程中出现多条分支路径时，除了使用 if 语句外，还可以使用 switch 语句来实现多路分支的流程控制，以使程序结构显得更加清晰。

switch 语句的基本格式如下：
　　　switch（表达式）
　　　{
case 常量表达式1:语句1;break;

case 常量表达式 2：语句 2； break；
    …
case 常量表达式 n：语句 n； break；
default：   语句 n+1；
}

switch 语句的执行过程：

根据计算出来的表达式的值与各常量表达式进行比较，如果与 case 后的某个常量表达式的值匹配，则执行相应的语句；若都不匹配，则执行 default 后面的语句。

switch 主要用于多个分支的情况，经常用于菜单、输入选择匹配控制。

说明：

（1）switch 语句中的表达式只能是整型、字符型或枚举类型表达式，后面的常量表达式类型也必须与其匹配。

（2）break 语句的作用是中断并退出 switch 语句，执行 switch 语句的下一条语句，从而保证在匹配某 case 的情况下，仅执行一路分支程序。否则会继续执行下一个 case 后面的一路分支程序。利用该特点，当需执行同一段程序时，可以省略 break 语句。

（3）case 的顺序可以任意。

【例 2-12】 menu 程序。

```
void check_spell () { };
void Correct_spell () { };
void display_error () { };
    void menu ()
    {   char ch;
    cout << "1. Checking Spelling \n";
    cout << "2. Correct Spelling \n";
    cout << "3. Display Spelling Errors\n";
    cout << "Enter Your Choice: ";
    cin >> ch;
    switch( ch )    {
    case '1': check_spell ();
            break;
    case '2': Correct_spell ();
            break;
    case '3': display_error ();
            break;
    default: cout << "no choice \n";
```

```
            break;
        }
}
```

注意:break 语句不能少。

2.4.4 while 语句

"当型循环"结构的一般形式:
  while(条件表达式) 语句
执行流程:

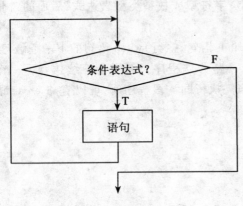

图 2-7 while 语句流程图

(1)先计算条件表达式的值。

(2)当表达式为真(非 0)值时,执行 while 语句的内嵌语句;再返回(1)。

(3)否则,表达式为假(0 值)时,退出该循环,继续执行 while 循环后的下一条语句。

说明:

(1)条件表达式是由算术、关系或逻辑表达式组成的,其值为"真"(1)或"假"(0)。

(2)内嵌的语句可以是复合语句(通常情况下)。此时循环体中有一个以上的语句,必须用花括号括起来。

(3)循环体中应该有退出循环的语句,否则会进入无限循环或死循环。

【例 2-13】 求简单几何级数 $\sum_{n=1}^{100} n$ 。

```
#include "stdio.h"
void main()
{
    int i = 1, sum = 0;
while ( i <= 100)
{
    sum = sum + i;
    i ++ ;
}
printf("% d",sum);
```

说明：

(1)循环体中有一个以上的语句时,应该用花括号括起来；

(2)循环体中应该有退出循环的语句,否则为死循环。

2.4.5 do...while 语句

do...while 语句是另外一种编写循环程序的语句,属于"直到型循环"结构。一般形式为：

  do 语句

  while（条件表达式）；

执行流程：

(1)先执行语句；

(2)计算条件表达式,当表达式的值为"真"(非0)时,返回(1)继续执行该语句；

(3)否则,表达式为"假"(0值)时,退出该循环,执行 do...while 循环后的下一条语句。

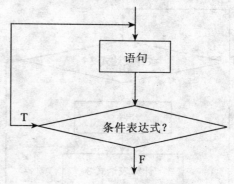

图 2-8 do...while 语句流程图

说明：

(1)条件表达式是由算术、关系或逻辑表达式组成的,其值为"真"(1)或"假"(0)。

(2)内嵌的语句可以是复合语句(通常情况下)。此时循环体中有一个以上的语句,可用花括号括起来。

(3)循环体中应该有退出循环的语句,否则会进入无限循环或死循环。

【例 2-14】 用 do...while 求例 2-13。

```
#include "stdio.h"
void main ()
{
    int i = 0, sum = 0;
    do
    { sum = sum + i;
    i ++ ;
    } while ( i <= 100 );
    printf("% d",sum);
}
```

2.4.6 for 语句

for 语句是C++语言中功能最强、使用最灵活的循环语句。

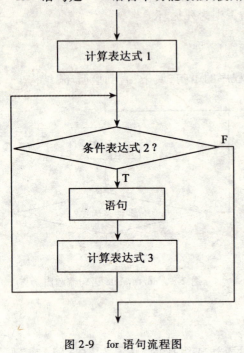

图 2-9 for 语句流程图

其一般形式为:
for (表达式1;表达式2;表达式3) 语句

其执行过程为:
(1)首先,求解表达式1。
(2)求解表达式2,若其值为真,执行内嵌语句,然后执行(3);否则结束循环,转到(4)。
(3)求解表达式3,返回(2)。
(4)执行下一条语句。

【例 2-15】 用 for 语句求例 2-13。
```
#include "stdio.h"
void main ()
{
    int i,sum = 0;
    for( i = 1;i <= 100;i ++ )
        sum = sum + i;
    printf("% d",sum);
}
```

说明:

(1)表达式1通常在循环前给循环变量赋初值。若循环变量已经赋初值,则可以省略。但是省略时,表达式1后面的分号不能省略。

(2)表达式2通常作为循环结束条件判断的条件表达式。若想省略,则循环体内必须有跳出循环的控制语句;否则,会陷入无限(或死)循环。

(3)表达式3通常用于让循环变量递进变化,以达到循环结束条件。若省略,则循环体中应该有改变循环变量的语句,以保证循环结束。

小结:几种循环语句的比较。

(1)几种循环语句都可以用于设计循环程序中,一般都可以互相代替,但是一般不提倡用 goto 语句。

(2) while 和 do...while 常用于不需给循环变量赋初值的场合,如,由键盘输入来判断循环结束条件。for 语句的功能最强。

(3)除了 goto 语句构成的循环,其他都可以用 break 语句和 continue 语句终止整个循环或结束本次循环。

2.4.7　break 语句和 continue 语句

1. break 语句

在 C++ 语言中,break 语句有两个作用:
(1)直接中断当前正在执行的语句,如 switch 语句。
(2)跳出它所在的块,主要用于循环语句中,强迫退出循环,使循环终止。
例如:break 语句使用。

```
for ( r = 1 ; r <= 10 ; r ++ )
    { area = pi * r * r ;
      if ( area > 100 ) break ;
    printf( "%f" , area ) ;
    }
```

【例 2-16】　break 语句强迫跳出循环的例子。

```
// -- -- -- -- -- -- -- -- -- -- -- -- -- -- -
//    ch02-16.cpp
// -- -- -- -- -- -- -- -- -- -- -- -- -- -- -
#include <iostream.h>
void main ()
{
    int sum = 0;
    for( int i = 1 ; i <= 10 ; i ++ )
    {
        if( i%3 == 0 )
            break ;
        else
        {
            cout << "i = " << i << endl ;
            sum += i ;
        }
    }
    cout << "sum = " << sum << endl ;
}
```

运行结果为：
i = 1
i = 2
sum = 3

2. continue 语句

continue 语句主要用于循环体中,用来结束本次循环或跳转到外层循环中。无标号的 continue 语句结束本次循环,有标号的 continue 语句可以选择哪一层的循环被继续执行。

通常,每次循环都是从循环体的第一条语句开始,一直到最后一条语句结束,在循环中 continue 语句起到循环体逻辑上的最后一条语句的作用,而非实际上最后一条语句,它使程序转移到循环程序的开始。

【例 2-17】 输出 100～200 之间不能被 3 整除的数。

```
#include "stdio.h"
void main ()
    {  int n;
       for ( n = 100 ; n <= 200 ; n ++ )
       {
    if ( n%3 ==0 ) continue ;
        printf("% d",n) ;
    }
    }
```

continue 语句和 break 语句虽然都用于循环语句中,但存在着本质区别。

注意：

continue 与 break 语句的区别是：continue 只结束本次循环,再进行下一次循环结束条件判断,而不是终止整个循环的执行；而 break 则是终止整个循环,不再进行条件判断。

比较下列循环程序：

```
(1)                              (2)
while(表达式 1 )                  while(表达式 1 )
   {                                {
     ⋮                              ⋮
   if(表达式 2)   break ;          if(表达式 2 ) continue;
     ⋮                              ⋮
   }                                }
```

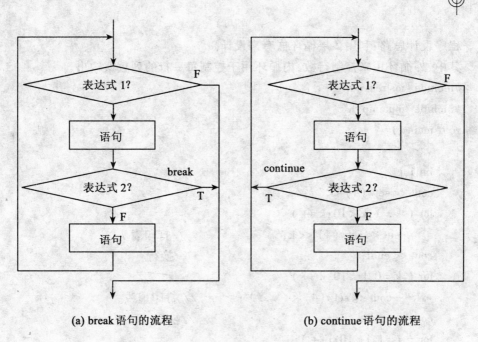

(a) break 语句的流程　　　　　　(b) continue 语句的流程

图 2-10　continue 与 break 语句流程结构的区别

2.4.8　循环嵌套

一个循环体内又包含一个完整的循环,称为循环的嵌套。

实际问题可能非常复杂,编写程序时,经常用到循环嵌套。使用循环嵌套时,内外层次要清晰,不能交叉,内外层的循环变量不能同名。

【例 2-18】　输出乘法 99 表。

	1	2	3	4	5	6	7	8	9
1	1	2	3	4	5	6	7	8	9
2		4	6	8	10	12	14	16	18
3			9	12	15	18	21	24	27
4				16	20	24	28	32	36
5					25	30	35	40	45
6						36	42	48	54
7							49	56	63
8								64	72
9									81

程序设计思路:利用2层循环嵌套来设计。
其中,外循环用来控制行数,内循环用于控制每一行的列数据输出。

```cpp
#include "iostream.h"
#include "iomanip.h"
void main ()
{
    int i,j,k;
    cout << setw(4) << ' ';
    for ( k=1;k<10;k++ )
        cout << setw(4) << k;              //打印表头
    cout << endl;                          //换行
    for ( k=0;k<10;k++ )
        cout << setw(4) << "....";         //打印虚线
    cout << endl;                          //换行
    for ( i=1;i<10;i++ )
    {
        cout << setw(4) << i;              //打印右表头
        for (j=1;j<i;j++ )
            couf << sefw(4) << ' ';
        for ( j=i; j<10;j++ )
            cout << setw(4) << i*j;        //打印99表
        cout << endl;                      //换行
    }
}
```

2.4.9 程序设计综合举例

【例2-19】 求1~500之间的素数。

素数是除了1和该数本身外,不能被其他整数整除的数。

判断一个数是不是素数的基本方法:用n作为被除数,将2到n-1各整数轮流作为除数,如果都不能被整除,则n为素数。

```cpp
//第一种解法
#include "stdio.h"
    void main ()
    {
```

```
    int yes = 0;
    int m, i, n = 0;
    for ( m = 2; m <= 500; m ++ )
    {   yes = 1 ;
        for( i = 2; i < m; i ++ )
            if ( m%i ==0 )
            {   yes = 0 ;
                break;
            }
        if ( yes ==1 )
        {   printf("%4d, ",m);
            n ++ ;
            if ( n%10 ==0 ) printf("\n");
        }
    }
        printf("\n") ;
}


//第二种解法
#include < stdio. h >
void main ()
{ int m,i,n =0;
    for ( m = 2; m <= 500; m ++ )
    {
        for( i = 2; i < m; i ++ )
            if ( m%i ==0 ) break;
        if ( i >= m )
        {   printf("%4d, ",m);    n ++ ;
            if ( n%10 ==0 ) printf("\n");
        }
    }
        printf("\n") ;
}
```

【例2-20】 求 Fibonacci 数列:1,1,2,3,5,8,…的前40个数。
数列的特征:第1,2个位置上的数都为1,从第3个位置开始,第i个位置上的数等于前两个数的和。

$F_1 = 1;\quad F_2 = 1;\qquad (n=1, n=2)$

$F_n = F_{n-1} + F_{n-2}\qquad (n>2)$

```
#include "stdio.h"
void main ()
{
  long f1, f2;
  int I;
  f1 = 1; f2 = 1;
  for (I = 1; I <= 20; I++)
  {
    printf(" %12ld %12ld", f1, f2);
    if (I%2 == 0)   printf("\n");
    f1 = f1 + f2; f2 = f2 + f1;
  }
}
```

2.4.10 return 语句

return 语句的作用是使程序从方法中返回到调用者。

return 语句的格式：

  return[<变量、常量或表达式>]；

其中,变量、常量或表达式为可选项。若有变量、常量或表达式,则在返回调用者的同时返回一个值,这个值的数据类型必须与方法中声明的返回值类型一致;若无变量、常量或表达式,则返回调用者时不返回任何值。该方法的声明返回类型为空(void)。一个方法中允许有多个 return 语句,一旦程序执行遇到 return 语句,就从方法中返回。一般情况下,在程序末尾不带任何值返回的 return 语句,此 return 语句可以省略。

思考题二

2.1 写出 C++语言的数据类型。

2.2 程序部分代码如下,写出 m,n 的值。

  int i = 8, j = 10, m, n;

  m = ++i;

  n = j++;

  m = ++j;

n = i + + ;

2.3 写出下面表达式运算后 a 的值,设原来 a = 12, n = 5, a 和 n 都定义为整型变量。

(1) a += a;

(2) a - 2;

(3) a * = 2 + 3;

(4) a% = (n%3)

(5) a/ = a + a;

(6) a += a - = a * = a;

2.4 求下面算术表达式的值。

(1) x + a%3 * (int)(x + y) % 2/4

设 x = 2.5, a = 7, y = 4.7

(2) (float)(a + b)/2 + (int) x% (int) y

设 a = 2, b = 3, x = 3.5, y = 2.5

2.5 什么是算术运算?什么是关系运算?什么是逻辑运算?

2.6 有三个数 a, b, c, 编写输出最大数的程序。

2.7 写出下面逻辑表达式的值。设 a = 3, b = 4, c = 5。

(1) a + b > c && b == c

(2) a || b + c && b - c

(3) !(a > b) && !c || 1

(4) !(x = a) && (y == b) && 0

(5) !(a + b) + c - 1 && b + c/2

2.8 有一函数:

$$y = \begin{cases} x & (x < 1) \\ 2x - 1 & (1 <= x < 10) \\ 3x - 11 & (x >= 10) \end{cases}$$

编写程序根据 x 的值输出 y 的值。

2.9 输入 4 个整数,要求按大小顺序输出。

2.10 求 1 ~ 20 的阶乘。

2.11 编程求水仙花数。所谓水仙花数,是指一个三位正整数,其各位数字的立方和等于该正整数。例如:407 = 4 * 4 * 4 + 0 * 0 * 0 + 7 * 7 * 7,故 407 是一个水仙花数。

2.12 从键盘上输入两个数,然后求它们的最大公约数和最小公倍数。试编写程序实现之。

2.13 求 1 ~ 1 000 之内的完数。完数:一个数 = 因子 1 + 因子 2 + … + 因子 n。

2.14 分别设计程序打印下列 # 组成的图形。

```
              #                      # # # # # # #
            # # #                    # # # # # # #
          # # # # #                  # # # # # # #
        # # # # # # #                # # # # # # #
      # # # # # # # # #              # # # # # # #
    # # # # # # # # # # #            # # # # # # #
  # # # # # # # # # # # # #          # # # # # # #
# # # # # # # # # # # # # # #        # # # # # # #
           (a)                            (b)
```

2.15 求 $1 + \frac{1}{2}x + \frac{1}{3}x^2 + \cdots + \frac{1}{n+1}x^n$。

实训二

2.1 基本运算表达式编程调试练习。

技能训练目的要求：

(1)掌握C++语言的常量、变量、关键词、标识符、注释等基本词法。

(2)掌握C++语言的基本数据类型，掌握变量的定义方法。

(3)掌握C++语言位运算符的基本运用方法。

技能训练内容：

(1)写一个程序实现左右循环移位。其中value为要循环移位的数，n为移的位数。如果n<0表示左移，n>0表示右移。

(2)程序输入计算机。

(3)观察运行结果。

(4)改变移的位数的符号，观察运行结果。

(5)将例2-3、例2-4输入计算机，观察运行结果。

2.2 选择语句的编程调试练习。

技能训练目的要求：

(1)掌握C++语言的常量、变量、关键词、标识符、注释等基本词法。

(2)掌握C++语言的基本数据类型，掌握变量的定义方法。

(3)掌握C++语言选择语句的基本运用方法。

技能训练内容：

(1)用if...else嵌套语句编程实现a,b,c 3个数按从小到大的顺序排列。

(2)观察运行结果。

(3)改用if语句的一般形式实现排序。

(4)改用 if...else 阶梯形式实现排序。
(5)比较三种方法的不同。
(6)将 3 个数从大到小排序,重复(1)、(2)、(3)、(4)、(5)。
2.3 循环语句的编程调试练习。
技能训练目的要求:
(1)掌握 C++语言的常量、变量、关键词、标识符、注释等基本词法。
(2)掌握 C++语言的基本数据类型,掌握变量的定义方法。
(3)掌握 C++语言循环语句的基本运用方法。
技能训练内容:
(1)编写输出 1!＋2!＋3!＋4!＋…＋20!的程序,要求分别使用 for,while,do...while。
(2)观察运行结果。
(3)比较三种语句的不同之处。

第三章 函数与程序结构

【学习目的与要求】

通过本章的学习,掌握C++程序的基本结构、函数定义与声明、函数调用方法,理解形式参数和实际参数的概念,理解变量的生存期和定义域的概念,会正确选择使用局部变量、全局变量、静态变量、动态变量,会正确定义函数、声明函数以及调用函数,会运用递归算法编写、调用递归调用函数来解决实际问题,掌握重载函数、内联函数的概念。

3.1 函数与程序结构概述

真正实际的软件和程序大多是非常复杂的,一般有几万行甚至几百万行代码,要由许多人共同完成。根据结构化程序的设计思想,大的程序一般需要分成若干个相对容易管理、编写、阅读和维护的程序模块(或子程序),每个模块完成一定的功能,C++语言中基本程序模块(或子程序)用函数来实现。

C++语言中程序通常由一个主函数main()和若干个函数或类构成,通过调用来使用函数,使得程序执行相应的程序功能模块,调用结束后返回到原来发生调用的下一条语句。任何程序都由主函数main()开始执行,最开始由主函数main()调用其他函数,以后其他函数之间可以互相调用,而且一个函数可以由其他函数调用任意次。

C++语言中的函数可分为标准库函数和用户自定义函数两大类。其中标准库函数是C++语言提供的可以在任何程序中调用的公共函数集。一般将各种常用的功能模块编写成函数,放在标准函数库中,供大家调用,从而减少程序员的编程工作量。而用户自定义的函数则是程序员自己开发或编写的实际应用程序模块,或针对具体应用的公共模块。

函数的调用关系如图3-1所示。

【例3-1】 函数及函数调用举例。

编写一个程序,从键盘输入两个数,然后求其中较大者。其中:求两个数较大者用函数实现,并返回这个较大的数。

```
#include "stdio.h"
int max(int x, int y);            //函数声明
void main()
```

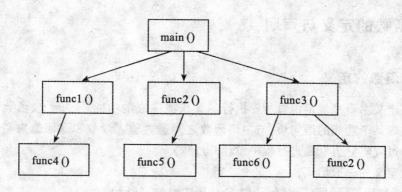

图 3-1 函数调用关系示意图

```
{   int a,b,c;
    scanf("%d,%d",&a,&b);
    c = max(a,b);              //函数调用
    printf("%d",c);
}
int max(int x, int y)          //函数定义
{   int m;
    if (x > y) m = x;
    else m = y;
    return m;
}
```

说明：

(1) C++程序一般由若干个源程序文件组成；

(2) 一个源程序文件由若干个函数组成,并且组成编译单位；

(3) 任何程序由 main() 函数开始运行和结束,一个程序必须有并且只能有一个 main() 函数,由 main() 开始运行并调用其他函数；

(4) 函数必须遵循"先声明,后调用"的原则,不能调用没有声明的函数；

(5) 除了 main() 函数外,所有函数都是平等的,可以任意互相调用,既可以调用其他的函数,也可以被其他函数调用；

(6) 根据由系统提供还是由用户编写,函数分为标准函数和用户定义的函数,其中,标准函数是系统提供的,用户(程序员)可以随意调用,而用户自定义函数则是程序员编写的程序模块,也可以由自己或其他程序员调用；

(7) 按函数调用有无参数,函数还可分为无参函数和有参函数。

3.2 函数的定义与声明

3.2.1 函数的定义

函数定义主要是规定函数所要执行的操作或完成的功能。实际上,函数可以看成一个完成某个功能的语句块,与主调函数之间通过输入参数和返回值来联系。函数定义的过程实际上就是进行程序设计的过程。

函数定义的一般形式:

[存储类型][返回值类型]函数名([形式参数列表])
{ 说明部分
    语句
}

说明:

(1) 存储类型指函数的作用范围,有 static 和 extern 两种形式,是个可选项,一般省略为缺省值。其中:static 说明函数只能被其所在的源文件的函数调用,称为内部函数;extern 说明函数可以被其他源文件中的函数调用,称为外部函数。缺省情况下为 extern。

(2) 返回值类型又称函数值,可以为 int,float,char 等任何数据类型。由函数中 return 语句结束函数执行过程,并返回一个值给调用函数。若函数没有返回值,则返回值类型可为 void。

(3) 函数名应符合标识符命名规则,通常取一个反映函数功能、有意义的英文单词(或缩写)或汉语拼音字母组成名字,如"add"。

(4) 形式参数(简称形参)列表为若干用逗号分开的形式参数变量说明列表。如:例3-1中的 int x,int y。说明形参 x,y 二者都是整型类型。最简单的情况是无形参变量,此时形参列表为空。

(5) 用{}包围的部分是函数的实现部分(或称函数体),包括数据说明和功能实现两部分。最特别的情况是说明部分和语句部分均为空。例如:最简单的函数不返回任何值,不需任何参数,并无任何执行操作语句的函数。形式如下:

void dummy()
{
}

【例3-2】 add 函数的定义。

求两个实数的和并返回该和的函数定义如下:

```
float add(float x, float y)          // 函数定义
{
   float z;
   z = x + y;
   return z;
}
```

根据函数返回类型、有无参数等可以将函数分为以下四种类型：

1. 无参数、无返回值的函数

例如：
```
void message()
{
   cout << "this is a message\n";
}
```

2. 有参数无返回值的函数

例如：
```
void delay( long a )
{ …
}
```

3. 无参数有返回值的函数

例如：
```
int   geti()
{ …
}
```

4. 有参数并有返回值的函数

例如：
```
int   bigger( int a, int b )
  { …
   }
```

注意：函数中不能再定义函数，即函数不允许嵌套定义。

例如：fun1 中嵌套定义 fun2 是不允许的。

```
void fun1()
{
    void fun2()      // 此处是函数定义,故不允许
    { … }
    …
}
```

3.2.2 函数声明

函数定义是确定函数功能或编程实现功能。函数定义包括：函数名、函数值类型、形参及其类型、函数体等。而函数声明则是将函数的名字、类型、形参的类型、个数和顺序通知编译系统，以便调用函数时进行对照检查，从而能够正确地调用函数。

对照检查包括：函数名正确与否、形参实参的类型和个数是否一致等。

函数必须先声明，后调用。

例如：例 3-1 中，如果没有在调用 max 函数前声明该函数，则编译系统不能明确 max 是否为函数名，或者调用实际参数 a,b 类型和个数是否一致等。

函数定义与函数声明的区别：函数定义实际上就是编写程序代码，以实现函数的功能；而函数声明则主要包括函数定义中的头部，即函数类型、函数名、形参及其类型等，不包括函数体，主要目的是向编译系统声明后面将要调用该函数，用于编译时进行语法检查。

说明：

(1) 如果被调函数的定义出现在主调函数之前，则可不加声明。

```
例如：float add(float x, float y)         // 调用前函数声明
     { … }
     main()
     {
         …
         add(a,b);                        // 函数调用
     }
```

(2) 如果已在所有函数定义前，在函数外面已做了函数声明，则在各个主调函数中不必对所调用的函数再做声明。

例如：float add(float x, float y);   // 函数声明

```
float f(float x1,float y1);          // 函数声明
int I(int i1,int i2);                // 函数声明
main()
{ … }
float add(float x, float y)          // 函数定义
{ f(3.6,6.5);
    … }
float f( float x1,float y1)          // 函数定义
{ I(4,6);
    … }
int I( int i1,int i2)                // 函数定义
{ … }
```

函数声明实际上就是函数原型,甚至可以不要函数声明中的参数名,而只要参数类型。它主要用于在编译阶段对函数的合法性进行检查。

一般形式:

函数类型 函数名(形参列表);

例如max的函数原型:

  int max(int x, int y); // 函数原型或函数声明

声明甚至可以写成下列形式:

 int max (int, int);   //无函数形参名

注意:参数名是否书写或者书写是否正确没有什么关系,编译系统不会检查。但是建议按上述形式进行声明。

3.3 函数参数和函数调用

3.3.1 函数形式参数和实际参数

函数定义的一般形式中,主调函数与被调函数之间存在参数传递关系。

其中:定义函数时,形参列表中的变量名称为"形式参数"(形参);而调用函数时,函数名后面的表达式称为"实际参数"(实参)。

例如:max函数中的形参、实参。

函数定义中 int max(int x, int y);

其中:x,y是形式参数。

而函数调用中 c = max(a,b);

其中:函数调用时的 a,b 是实际参数。

说明:

(1)定义函数时指定的形参变量,未调用时不占用内存单元,调用时才分配内存单元,调用结束时释放所占内存单元。

(2)形参必须指定类型,实参和形参类型必须匹配。

(3)实参可以是常量、变量或表达式,调用时传值;若形参是数组名,则传的是数组首地址。

(4)实参变量对形参变量的数据传递是"值传递",即单向传递。由实参变量将其值传递给形参变量后,实参、形参之间就没有任何关系,而不能由形参传回来给实参变量。

例如:max(a,b)函数调用中,实际参数 a,b 将变量的值传给形式参数 x,y 后,a,b 和 x,y 之间就没有什么联系了,max 函数中对 x,y 的任何改变都不能影响到 a,b。

3.3.2 函数的返回值

有时主调函数需要通过函数调用得到一个确定的值,这就是函数的返回值。

例如:主调函数希望通过调用 sin(x),得到数学函数 sin(x)的值。或调用 max(a,b)得到 a,b 中的较大者。

说明:

(1)函数的返回值必须通过 return 语句获得,函数返回值还应该有个确定的类型。

(2)函数值的类型与 return 语句中的表达式的值不一致时,以函数类型为准。

(3)如果调用的函数中没有带 return 语句,则返回值不确定;若明确不带返回值,则可以用 void 说明定义函数。

3.3.3 函数调用

1. 函数调用的一种形式——语句形式

  函数名([实参列表]);

例如调用 add 函数的语句为:

  add(a,b);

说明:

(1)主调函数中用函数名加若干实际参数来调用函数,实参列表是可选项。如果调用无参函数,则没有该项,只有圆括号,但后面的分号不能少。

(2)调用函数时,该函数必须已经定义,或是标准库函数中的函数。使用标准库函数时,还应该在本文件开头用 #include 命令将调用库函数的有关信息包含到文件中来。

例如:#include "stdio.h"

(3)实参和形参必须类型相同、个数相等,实参可以是一个表达式。

(4)函数调用时,对主调函数来说,类似于表达式,函数调用得到的是一个返回值。

2. 函数调用的方式

C++中函数调用是非常灵活的,函数调用可以是单独的函数语句,也可以将函数调用写入表达式,甚至作为函数参数。

例如:max(a,max(b,c));   // 可以求出变量a,b,c中的较大者
　　　c = add(3*a,3+4);

3.4 函数的嵌套与递归调用

3.4.1 函数的嵌套调用

由于函数之间的平行调用关系,函数调用过程中,可能又要调用其他函数,这样就出现了嵌套调用。

例如:
…
void main()
{ float t;
　int x,y;
　t = fun1(x,y);
　…
}
float fun1(int x, int y)
{
　…
　fun2();   // 注意此处是调用,而非定义
}
void fun2()
{
　…
}

fun1()和fun2()分别是两个独立的函数,main()函数调用了fun1(),而fun1()函数的执行过程中又调用了fun2(),形成了嵌套调用。

3.4.2 递归调用

1. 函数的递归调用

如果函数调用的过程中,函数又直接或间接地调用函数自己本身,则称为递归调用。其中:直接调用自己称为直接递归,而通过调用别的函数,再间接调用自己称为间接递归调用。

C++语言允许递归调用。利用递归,可以使程序的可读性好,编程设计更加清晰和方便,简化程序设计。其缺点是增加系统开销,而且若编程使用不当,也可能陷入无限递归状态,导致错误。

例如:递归调用举例。

```
int f( int x)
{
    int y,z;
    z = f(y);
    return(5 * z);
}
```

函数f在执行过程中,又调用它自己,所以f是一个函数的递归调用。

【例3-3】 用递归调用求n!。

```
long fac (int n)
{
    long f;
    if ( n == 1 )
        return 1 ;
    else
        f = n * fac( n - 1 )
    return f ;
}
void main()
{
    int x;
    long y;
    cout << "Please input a number" << endl;
    cin >> x ;
```

```
    y = fac(x);
    cout << y;
}
```

2. 递归调用的条件

(1) 必须有完成任务的非递归调用语句。

函数除了递归调用外,还必须有非递归调用的语句,否则没有什么意义。

(2) 先进行确定退出递归的条件测试,然后再进行递归调用。

例 3-3 中,先判断 n 是否等于 1,再决定是否递归调用。

(3) 递归函数中应该逐渐逼近退出递归的条件,这样最后能退出递归,从而正确地执行函数的功能。如果不能退出递归,则函数无条件地调用自己,形成无限递归,使计算机栈空间溢出。

例如:以下函数将形成无限递归。

```
void funa (int x)
{   long f;
    f = funa (x - 1);
    if (x == 1)   return f;
}
```

3.5 变量作用域和存储类型

3.5.1 局部变量与全局变量

根据变量的作用范围(空间)看,变量可以分为全局变量和局部变量。

1. 局部变量

一个函数内部定义的变量只在函数内部有效,是内部变量。即只在该函数内部才能使用它们,否则不能使用它们。内部变量又称为局部变量。

2. 全局变量

在函数外部定义的变量,称为外部变量,为本文件中各函数所共有,又称为全局变量。由于函数调用只有一个返回值,全局变量主要可以增加函数间数据联系的渠道,一个函数中改变了全局变量的值,就能影响到其他的函数。

3.5.2 动态存储变量和静态存储变量

变量的存储类型指变量占用存储空间的区域,存储区域主要有代码区、静态存储区和动态存储区。

静态存储指在程序运行期间分配固定的存储空间。全局变量放在静态存储区,局部变量也可以放在动态存储区。动态存储是根据需要动态分配存储空间。动态存储区一般存放函数形参、局部变量、函数调用时现场保护和返回地址等。

根据变量存在的时间(生存期)可以分为静态存储变量和动态存储变量。

1. 静态变量

所谓静态存储方式是指:程序运行期间分配固定的存储空间。

全局变量放在静态存储区,程序开始执行时,给全局变量分配空间,程序执行完后才释放该空间,程序执行过程中占据固定的单元。

静态变量可以在变量名前用 static 加以说明。

有时希望函数中局部变量的值在函数调用结束后不消失而保留原值,即其占用的存储单元不释放。在下一次调用时,已有值(上次函数调用结束时的值),可以指定该局部变量为"静态局部变量"。静态变量用 static 加以说明。

例如:静态局部变量。

```
void fun( int a)
{  static int x = 15;
   …
}
```

其中:x 就是静态局部变量。

一般情况下,全局变量允许其他文件中的函数引用,而如果希望只能被本文件中的函数引用,则可以将其声明为静态全局变量。在全局变量的定义前面加上 static。

例如静态全局变量:

file1:
#include < iostream. h >
static int a;
void main()
{
 a = 12;
 cout << a << endl;
}

file2:
#include < iostream. h >
int a;
fun()
{
 a ++ ;
 cout << a << endl;
}

输出结果为:

12
1

此时,file1 中的静态全局变量 a 与 file2 中的全局变量互不相关。file1 中的 a 只能被本文件中函数引用,而函数 fun 访问的是 file2 中的 a,故与 file1 中的 a 无关。

2. 动态变量与自动变量

动态变量就是指变量是按动态存储方式进行存储。而动态存储方式则是指程序运行期间,根据需要进行动态分配空间。

函数中的动态局部变量,不用作专门的说明,也可在局部变量定义前加上 auto,称为自动变量。一般情况下,auto 关键字可以省略。所以在函数中定义的局部变量多是自动变量。

例如:
```
void fun1()
{   int x, int y;
    …
}
```

函数 fun1 中定义的整型变量 x,y 就是动态局部变量,也是自动变量。

3. 寄存器变量

对于频繁使用的变量,可以定义为寄存器变量,以提高执行效率。这种变量必须定义在函数体内或分程序体内,定义时在前边加 register 修饰符。这类变量有可能放在 CPU 的通用寄存器中,或者按自动变量处理。能否放入寄存器中取决于当时通用寄存器是否空闲。

例如:
```
register int b = 5;
```

3.6 内联函数

1. 内联函数的概念

函数调用需要进行保存断点和中断现场、进行参数传递、恢复断点和现场等工作,以继续执行原来被中断的程序。这些工作都必须有一定的时间开销。而有些函数使用频率高、代码又比较短,如果在调用这些函数时,不按常规的函数调用,而是在调用处直接插入函数的代码,则省去了这些时间开销,提高了程序执行效率,同时又使程序比直接在调用处插入函数的代码的可读性好。这样的函数,称为内联函数

(或内嵌函数)。

2. 内联函数的使用

定义内联函数的方法就是在通常的函数定义时,在前面加上一个 inline 关键字。
注意:内联函数不能含有复杂的流程控制语句,如 switch,while 等。

【例3-4】 编程求 1~10 各个数的平方。

```
#include <iostream.h>
incline int power-int(int x)
{return x*x;}
void main()
{    for(int i=1;i<=10;i++)
     {  int p = power-int(i);
        cout<<i<<" * "<<i<<" = "<<p<<endl;
     }
}
```

本例中,函数 power-int 为内联函数。

3.7 重载函数与默认参数函数

3.7.1 重载函数

1. 重载的概念

实际上,C++程序中 +、-、*、/等运算符既可以用于整型数据,也可以用于实型数据。一个运算符可以用于不同的场合,具有不同的含义。这就是运算符的重载(overloading),即赋予新的含义。

事实上,C++中函数也可以重载,几个函数可以具有相同的名字,但是具有不同的参数类型,或参数个数不一样,实现同一类型的操作。

【例3-5】 求两个操作数之和。

```
#include <iostream.h>
int add(int, int);
double add (double, double);
void main()
{    couf << add(3,7) << endl;
     couf << add(10.9,8.7) << endl;
```

```
}
int add ( int x, int y)
{ return x + y;
}
double add( double x, double y)
{ return x + y;
}
```

本程序中定义了两个同名函数 add,前一个 add() 函数的 2 个形参为 int 类型,而后一个 add() 函数的两个形参为 double 类型。调用时系统根据实参类型决定实际调用其中一个,这就是函数的重载。

2. 函数的匹配

在调用一个重载函数 fun() 时,必须分清楚 fun() 究竟是调用哪一个函数。编译器实际上是通过将实参类型与被调用的函数 fun() 的形参类型一一对比来进行判断的。

3.7.2 默认参数函数

1. 默认参数的目的

通常调用函数时,实参个数应该与形参个数相同。但是C++还允许形参定义默认(或缺省)值。当没有给出形参列表中的实参变量时,函数使用所定义的默认值。
例如函数定义为:
void fun(int x, int y, int z = 100);
函数调用可以为 fun(10,38,73),则形参 x,y,z 的值分别为 10,38,73。调用若写成 fun(10,38),则 x,y,z 的值就分别为 10, 38, 100。
说明:允许函数使用默认参数,可以使函数的使用更加灵活。

2. 默认参数函数的使用

默认参数在函数声明中提供。如果同时有函数定义和函数声明,则不允许在函数定义中使用默认参数。
例如:
void point(int x = 200, int y = 300);
void point(int x, int y)
{
    cout << x << endl;
```
```

```
    cout << y << endl;
}
```

内部函数——函数只能被本文件中其他函数调用,称为内部函数(静态函数)。其一般形式为:

  static 类型标识符　函数名(形参表)

外部函数——用 extern(或隐含)说明,表示是外部函数。

3.8 编译预处理

编译预处理:C++编译系统对程序进行通常的编译之前,先对程序中的一些特殊的预处理命令进行"预处理",生成临时文件,然后对该结果和源程序一起进行编译处理,生成目标代码。常用的预处理命令包括:文件包含、宏定义和条件编译。

3.8.1 文件包含

文件包含命令是#include,它可以把另外一个源文件的内容全部包含到该文件中去,是目前使用最多的、也是非常有用的预处理命令。它的两种格式如下:

1. #include <文件名>

其用途是将文件名给出的文件内容嵌入到当前文件的该点处。所要嵌入的文件一般是C++系统提供的头文件(即.h文件)。其中:搜索的文件目录是C++系统目录中的 include 子目录,这称为标准方式。

2. #include "文件名"

与方式1的区别在于嵌入文件的搜索目录,系统首先在当前文件所在目录中搜索,如果找不到,再到C++系统目录的 include 子目录中搜索。

说明:

(1)文件包含通常可以节省程序员的重复劳动。

(2)包含可以嵌套。

3.8.2 宏定义

宏定义指令#define 原来主要定义常量和带参数的宏,现已经被C++中 const 定义语句和 inline 内嵌函数所代替,目前用得不多。

现在使用较多的是在条件编译中,其一般形式为:

  #define　标识符　字符串

3.8.3 条件编译

条件编译指令有#if,#else,#endif,#ifdef,#ifndef 和#undef 等。条件编译常用于协调多个头文件。

例如：
```
#ifdef identifier
    program1
#else
    program2
#endif
```

小　　结

本章主要介绍了C++语言中函数的定义与声明、函数参数与函数调用、嵌套调用与递归调用等基本概念,同时还介绍了C++程序的构成,变量的作用域与类型,内联函数、重载函数和默认参数函数,编译预处理指令等的使用。

思考题三

3.1 编写判断一个数是不是完数的函数,由主程序调用来求 1~1 000 之内的完数并打印出来。

3.2 编写一个判断素数的函数。

3.3 已知数列数学定义:$F(0)=1$, $F(1)=1$, $F(2)=1$, $F(n)=F(n-1)+F(n-3)$, $n>2$。编写函数 fun 求该数列前 n 项之和,在主程序中调用该函数,求前 20 项(含 F(0)项)的和。

第四章 数组与字符串

【学习目的与要求】

本章主要讨论各种不同类型的数组及在程序中如何运用数组。要求学生理解数组的概念,掌握数组的形式化定义,数组的初始化方法,数组元素的访问规则。在此基础上学习数组的使用方法,如数组作为函数的参数时实参与形参的关系,在数组中的查找数据、对数组中的元素进行排序、计算等。字符数组作为一种特殊的数组,用来存储字符串。要求学生掌握字符串的操作函数,通过数组的学习提高学生的数据管理能力和编程能力。

4.1 数组的概念

数组是一组具有相同名字的变量的集合。它是将一系列具有相同属性的若干数据组织在一起而形成的集合。在程序中可以用单个变量存储单个数据,而对一系列类型相同且数据之间有某种联系的数据,如描述全班 50 名同学某门功课的成绩,这时用单个变量来表示学生成绩时,就需要定义 50 个变量来存储学生的成绩,很不方便。如果用数组就很简单,如 int c[50],定义了一个有 50 个元素的数组,数组名是 c。

在 C++语言中,数组有两个要素——数组名和下标。数组用统一的数组名和下标来标示数组中的元素,用下标标示数组中元素的位置。数组中元素的下标从零开始,以数组中元素个数减 1 结束。如描述全班 50 名同学的成绩,就可以定义一个一维数组 c[50],其下标范围是 0~49。

c[0]	c[1]	c[2]	c[3]	c[4]	…	c[49]
95	54	75	78	96	…	86

图 4-1 数组元素与对应值之间的关系

图 4-1 显示了整型数组 c,这个数组包含 50 个元素,数组中的元素可以用数组名加上方括号([])中该元素的下标来引用该元素。数组中的第一个元素下标为 0,这样,c 数组中的第一个元素为 c[0],c 数组中的第二个元素为 c[1],数组中的第 50

个元素为 c[49]。一般来说，c 数组中的第 i 个元素为 c[i-1]。数组名命名规则与其他变量名命名的规则相同。

包括数组下标的方括号实际上是个C++运算符。方括号的优先级与圆括号相同。

如果 50 名学生，每名学生选修了 5 门功课，那么学生的成绩用一维数组描述就很困难，需要用二维数组来描述。可以用每一行来描述每名学生的成绩，用列来描述每门功课的成绩。那么这个二维数组可以定义如下：

int a[50][5];

如图 4-2 所示。

列\行	0	1	2	3	4
0	a[0][0]	a[0][1]	a[0][2]	a[0][3]	a[0][4]
1	a[1][0]	a[1][1]	a[1][2]	a[1][3]	a[1][4]
…	…	…	…	…	…
49	a[49][0]	a[49]1]	a[49][2]	a[49][3]	a[49][4]

图 4-2 二维数组元素及表示

图 4-2 中，列号 0,1,2,3,4 分别表示第 1、第 2、第 3、第 4、第 5 门功课，行号 0,1,2,…,49 分别表示第 1、第 2……第 50 名同学，a[i][j] 表示第 i+1 名同学的第 j+1 门功课的成绩。

数学中矩阵都可以用二维数组来描述。

4.2 数组的定义

4.2.1 一维数组

1. 定义格式

一维数组定义格式为：

<类型关键字> <数组名>[<常量表达式>][={<初值表>}];

例如：int a[5]={-5,6,-9,7,45};

表示定义了一个数组名为 a,长度为 5 的整型数组。

<类型关键字>为已存在的一种简单数据类型或自定义数据类型，如上文中为 int。

<数组名>是用户定义的一个标识符，用它来表示一个数组。上文中数组名为

a,其命名规则同一般标识符的命名规则相同。

<常量表达式>的值是一个整型常数,用它标明该数组的长度,即数组中所含的元素的个数。如上文中数组长度指定为5,是根据应用需求决定的。<常量表达式>两边的中括号是语法所要求的符号,而"[={<初值表>}]"两端的中括号表明其内容为可选项。

<初值表>是用大括号括起来并用逗号分开的一组表达式,每个表达式的值将被赋给数组中的相应元素,它是一个可选项。如上文中初值表为{-5,6,-9,7,45},依次赋给数组的每一个元素,即 a[0],a[1],a[2],a[3],a[4]。

用来表示数组长度的<常量表达式>可以直接用整型常量值,还可以用常变量或符号变量来表示。如:

```
const int M = 20;        //定义一个常变量 M
int b[M];                //定义一个有 M 个元素的整型数组 b
```
或
```
#define N 20             //在程序预定义部分定义
int c[N];                //定义一个有 N 个元素的整型数组 a
```

注意:定义数组时数组的长度只能是常量,不能是变量。如下列数组的定义是错误的:

```
int n;
cin >> n;
int d[n];                //错,n 是变量
```

定义了一个数组后,就相当于同时定义了它所含的每个元素。数组中的每个元素是通过数组名和下标运算符[]来标示的,具体格式为:

<数组名>[<下标>];

在上文中数组元素为 a[0],a[1],a[2],a[3],a[4]。在 C++ 中规定数组的下标从 0 开始,以数组长度减 1 结束。对一个含有 n 个元素的数组 a,C++ 语言规定:它的下标依次为 0,1,2,…,n-1,因此,全部 n 个元素依次为 a[0],a[1],a[2],…,a[n-1],其中 a 为数组名。对数组进行操作时,要确保下标不要越界,否则会产生错误。

当数组定义中包含有初始化选项时,其<常量表达式>可以省略,此时所定义的数组长度将是<初值表>中所含的表达式的个数。

一个长度为 n 的数组被定义后,系统将在内存中为它分配一块能存储 n 个数组元素的连续的存储空间,每个存储单元包含的字节数等于该数组类型的长度。在 C++ 中,数组名除了表示数组的名称外,它的值表示数组的首地址,即元素 a[0] 的地址。对一个含有 10 个 int 型元素的数组 a,系统将为它分配 10×4=40 个字节的连续存储空间。数组元素 a[0],a[1],a[2],…,a[9] 对应的存储地址依次用 a,a+1,a+2,…,a+9 来表示。a+i 表示第 i+1 个元素的存储地址。

注意:在数组的定义语句中方括号中的<常量表达式>表示数组的长度,而在对

数组元素操作的语句中,方括号中出现的常数、变量或表达式均为数组元素的下标。

2. 一维数组定义形式举例

数组可以是简单类型的数组,如整型、字符型、浮点类型、双精度类型,也可以是后面要学到的复杂类型,如结构体类型、类类型等。

(1) int a[20];

此语句定义了一个元素为 int 型、数组名为 a、包含 20 个元素的数组,所含的元素依次为 a[0],a[1],…,a[19]。每个元素同一个 int 型的简单变量一样,占用 4 个字节的存储空间,用来存储一个整数,整个数组占用 80 个字节的存储空间,用来存储 20 个整数。

(2) const int MS = 20; double b[MS];   //MS 为已定义的整型常量,否则出错

此语句定义了一个元素类型为 double、数组长度为 MS 的数组 b。该数组占用 MS×8 个字节的存储空间,能够用来存储 MS 个双精度数,数组 b 中的元素依次为 b[0],b[1],…,b[MS−1]。

(3) int c[5] = {1,2,3,4,0};

此语句定义了一个整型数组 c,即元素类型为整型的数组 c。它的长度为 5,所含的元素依次为 c[0],c[1],c[2],c[3] 和 c[4],并相应被初始化为 1,2,3,4 和 0。

(4) char d[ ] = {'a','b','c','d'};

该语句定义了一个字符数组 d,由于没有显式地给出它的长度,所以隐含为初值表中表达式的个数 4。该组的 4 个元素 d[0],d[1],d[2] 和 d[3] 依次被初始化为"a","b","c"和"d"。注意,若没有给出数组的初始化选项,则表示数组长度的常量表达式不能省略。如"char d[ ];"是一个错误的语句。

(5)   int e[8] = {1,4,7};

此语句定义了一个含有 8 个元素的整型数组 e。它初始化数据项的个数为 3,小于数组元素的个数 8,这是允许的。这种情况的初始化过程为:将利用初始化表对前面相应元素进行初始化,而对后面剩余的元素则自动初始化为常数 0。数组 e 中的 8 个元素被初始化得到的结果为:e[0] = 1, e[1] = 4, e[2] = 7, e[3] = e[4] = … = e[7] = 0。

(6) char f[10] = {'B','A','S','i','c'};

此语句定义了一个字符数组 f,它包含有 10 个字符元素,其中前 5 个元素被初始化为初值表所给的相应值,后 5 个元素被初始化为字符'\0',对应数值为 0。

(7) bool g[2*N+1];   //假定 N 为已定义的整型常量

此语句定义了一个布尔型数组 g,它的数组长度为 2*N+1,数组元素没有被初始化。

(8) float h1[5], h2[10];

此语句定义了两个单精度型一维数组 h1 和 h2，它们的数组长度分别为 5 和 10。在一条变量定义语句中，可以同时定义任意多个简单变量和数组，每两个相邻定义项之间必须用逗号分开。

(9) short x = 1, y = 2, z, w[4] = {25 + x, -10, x + 2 * y, 44};

此语句定义了 3 个短整型简单变量 x, y 和 z，其中 x 和 y 被初始化为 1 和 2，定义了一个短整型数组 w，它包含有 5 个元素，其中 w[0] 被初始化为 25 + x 的值，即 26，w[1] 被初始化为 -10，w[2] 被初始化为 x + 2 * y 的值，即 5，w[3] 被初始化为 44。

(10) int p[ ];

此语句是错误的数组定义，因为它既省略了数组长度选项，又省略了初始化选项，使系统无法确定该数组的大小，从而无法分配给它确定的存储空间。

3. 数组元素的访问

通过变量定义语句定义了一个数组后，用户便可以随时访问其中的任何元素。数组元素是通过数组名和下标运算符 [ ] 来标示的，其中运算符左边为数组名，中括号中的为下标。一个数组元素又称为下标变量，所使用的下标可以为常量或表达式，但其值必须是整数，否则将产生编译错误。

使用一个数组元素如同使用一个简单变量一样，可以对它赋值，也可以取它的值。如：

【例 4-1】 对数组元素进行操作。

```
#include <iostream.h>
main()
{
    int a[5] = {0,1,2,3,8};      //定义数组 a 并进行初始化
    a[0] = 4;                     //把 4 赋给 a[0]
    a[1] += a[0];                 //把 a[0] 的值 4 累加到 a[1]，使其值变为 5
    a[3] = 3 * a[2] + 1;          //把赋值号右边的值 7 赋给 a[3]
    cout << a[a[0]];              //因 a[0] = 4，所以 a[a[0]] 对应的元素为 a
                                  //[4]，该语句输出的值变为 8

    return 0;
}
```

C++ 语言对数组元素的下标值不作任何检查，也就是说，当下标超出它的有效变化范围 0 ~ n-1（假定 n 为数组长度）时，也不会产生任何错误信息。为了防止下标值越界，需要编程者对下标进行合法性检查。如：

【例 4-2】 通过循环语句对数组元素进行操作。

```
#include <iostream.h>
int main()
{
    int a[5];                        //(1)定义数组a
    for(int i=0;i<5;i++)
        a[i]=i*i;                    //(2)通过循环语句给数组元素赋值
    for(i=0;i<5;i++)
        cout<<a[i]<<' ';             //(3)通过循环语句输出数组元素
    cout<<endl;
    return 0;
}
```

运行结果：
0 1 4 9 16

该程序中语句(1)首先定义了一个数组 a，其长度为 5，下标变化范围为 0~4。语句(2)让循环变量 i 在数组 a 下标的有效范围内变化，使下标 i 为元素赋值为 i 的平方值。该循环执行后数组元素 a[0]，a[1]，a[2]，a[3] 和 a[4] 的值依次为 0，1，4，9，16。语句(3)控制输出数组 a 中每一个元素的值，输出语句中数组元素 a[i] 中的下标 i 的值不会超过它的有效范围。如果在语句(3)中，用做循环判断条件的 <表达式 2> 是 i<5，而不是 i<=5，则虽然 a[5] 不属于数组的元素，但也同样会输出它的值，而从编程角度来看，数组元素越界是一种错误。由于 C++ 系统不对元素的下标值进行有效性检查，所以用户必须通过程序检查，确保其下标值有效，保证运算结果的正确性。

4. 程序举例

【例 4-3】 定义一个一维数组，通过键盘输入各元素的值，然后逆序输出数组元素的值。

```
#include <iostream.h>
void main()
{
    int i,a[6];                      //定义一个数组a,长度为6
    for(i=0;i<6;i++)
        cin>>a[i];                   //循环输入各元素的值
    for(i=5;i>=0;i--)                //逆序输出各数组元素的值
```

```
            cout << a[i] << ' ';        //每输出一个值,就输出一个空格,使数据分开
        cout << endl;
}
```

若程序运行时,从键盘上输入 3,8,12,6,20,15 这 6 个数,则得到的输入和运行结果为:

输入:　3　8　12　6　20　15
输出:　15　20　6　12　8　3

【例 4-4】 对一个给定的数组,求数组元素中的最大值。

```
#include <iostream.h>
void main()
{
    int a[8] = {25,64,38,40,75,66,38,54};    //定义一个数组 a,并赋初值
    int max = a[0];              //定义变量 max 存储最大值,并假定 a[0]最大
    for(int i = 1;i < 8;i++)     //依次将 a[1]~a[7]与 max 比较
        if(a[i] > max)
            max = a[i];                                  //将最大者赋给 max
    cout << "max:" << max << endl;                       //输出最大值 max
}
```

在该程序的执行过程中,max 依次取 a[0],a[1]和 a[4]的值,不会取其他元素的值。程序运行结果为:

max:75

【例 4-5】 从若干个数据元素中找出大于某一个数的所有数据。

```
#include <iostream.h>
const int N = 7;
void main()
{
    //定义一个数组 a 并赋初值
    double w[N] = {2.6,7.3,4.2,5.4,6.2,3.8,1.4};
    int i,x;
    cout << "输入一个实数:";
    cin >> x;
    //将输入的数 x 依次与数组的每一个元素比较,若大于 x 则输出对应的元素值
    for(i = 0;i < N;i++)
```

```
        if(w[i] > x)
            cout << "w[" << i << "] = " << w[i] << endl;
}
```

此程序的功能是从数组 w[N] 中顺序找出比 x 的值大的所有元素并显示出来。若从键盘上输入 x 的值为 5.0,则得到的程序运行结果为:

输入一个实数:5.0
w[1] = 7.3
w[2] = 5.4
w[4] = 6.2

【例 4-6】 斐波那契数列:1,1,2,3,5,8,…,其规律是从第三个数开始,每一项等于前两项的和,即 a[i] = a[i-1] + a[i-1],i = 2,3,…。求该数列的前 M(M = 10)项。

```cpp
#include <iostream.h>
const int M = 10;
void main()
{
    int a[M];          //定义含有 M 个元素的一个数组 a
    a[0] = 1;a[1] = 1;    //给 a[0],a[1]赋初值 1
    int i;
    for(i = 2;i < M; ++i)
        a[i] = a[i-1] + a[i-2];   //求第 i+1 项
    for(i = 0;i < M; ++i)         //按每行 5 个数据输出数列元素
    {
        cout << a[i] << '  ';     //输出 a[i]的值并后空两个空格
        if((i+1)%5 = = 0)
            cout << endl;         //若一行输出的数据个数已有 5 个,则换行
    }
}
```

该程序首先定义数组 a,并分别为数组元素 a[0]和 a[1]赋值 1 和 2;接着依次计算出 a[2]~a[M]的值,每个元素值等于它的前两个元素值之和,最后按照下标从小到大的次序显示数组 a 中每个元素的值。该程序的运行结果为:

1 1 2 3 5
8 13 21 34 55

4.2.2 二维数组

1. 定义格式

二维数组如同通常使用的表格一样,由行和列组成。其定义格式为:
<类型关键字> <数组名>[<常量表达式1>][<常量表达式2>]
[={{<初值表1>},{<初值表2>},…}];

在上述定义格式中,<常量表达式1>用来确定二维数组的行数,<常量表达式2>用来确定二维数组的列数,其取值必须是整型常数,不能是变量或含变量的表达式。[={{<初值表1>},{<初值表2>},…}]是可选项,表示按行序给二维数组赋初值。<初值表1>表示给二维数组的第一行元素赋初值,<初值表2>表示给二维数组的第二行元素赋初值,依此类推。如:

int a[3][4]={{1,2,3,4},{-1,-2,-3,-4},{5,6,7,8}};

即定义了一个类型为整型、数组名为 a、3行4列的二维数组。初值表{1,2,3,4}表示给二维数组的第一行元素赋初值,初值表{-1,-2,-3,-4}表示给二维数组的第二行元素赋初值,初值表{5,6,7,8}表示给二维数组的第三行元素赋初值。

对一个行数取值为 m、列数取值为 n 的二维数组 a,它所包含元素的个数为 m×n,即数组长度为 m×n,每一个元素含有两个下标,具体表示为:<数组名>[<行下标>][<列下标>],即 a[i][j],行下标 i 的取值范围是 0~m-1 之间的 m 个整数,列下标 j 的取值范围是 0~n-1 之间的 n 个整数。数组 a 中的所有元素依次表示为:

a[0][0]   a[0][1]   …   a[0][n-1]
a[1][0]   a[1][1]   …   a[1][n-1]
…
a[m-1][0] a[m-1][1] …   a[m-1][n-1]

注意:对二维数组操作时,必须保证行下标和列下标不要越界,否则会产生错误。

在定义二维数组的同时,可以对所有元素进行初始化。其中每个用花括号括起来的初值表用于初始化二维数组中的一行元素,即<初值表1>用于初始化行下标为0的相应元素,<初值表2>用于初始化行下标为1的相应元素,依次类推。同一维数组的初始化一样,若有的元素没有对应的初始化数据,则自动初始化为0。

在二维数组的定义格式中,若带有初始化选项,则<常量表达式1>可以省略,此时将定义一个行数等于初值表个数的二维数组。

2. 二维数组定义及初始化

(1) int a[3][3];

此语句定义了3行3列的一个二维数组 a[3][3],它包含有9个元素,元素类型为 int，每个元素同一个 int 型简单变量一样，能够用来表示和存储一个整数。

(2) const int M = 10，N = 12; double b[M][N];   // M 和 N 为整型常变量

此语句定义了一个元素类型为 double 的二维数组 b[M][N]，它包含 M*N 个元素，每个元素用来保存一个实数，元素中行下标的有效范围为 0~M-1，列下标的有效范围为 0~N-1。

(3) int c[2][4] = {{1,3,5,7},{2,4,6,8}};

此语句定义了一个元素类型为 int 的二维数组 c[2][4]，并对该数组进行了初始化，使 c[0][0], c[0][1], c[0][2], c[0][3] 的初值分别为 1,3,5,7; c[1][0], c[1][1], c[1][2], c[1][3] 的初值分别为 2,4,6,8。

(4) int d[][3] = {{0,1,2},{3,4,5},{6,7,8}};

此语句定义了一个元素类型为 int 的 d，它的列下标的取值范围为 0~2，行下标的取值范围没有显式给出，但由于给出了初始化选项，并且含有 3 个初值表，所以取值范围隐含为 0~2，相当于在数组定义的第一个中括号内省略了行下标取值个数 3。

(5) int e[3][4] = {{0},{1,2}};

此语句定义了一个元素类型为 int 的二维数组 e[3][4]，它的第 1 行 (即行下标为 0) 的 4 个元素被初始化为 0；第 2 行的 4 个元素 e[1][0], e[1][1], e[1][2], e[1][3] 分别被初始化为 1,2,0,0；第 3 行的 4 个元素也均被初始化为 0。

(6) const int cN = 10; char f[cN+1][cN+1], c1 = 'a', c2;//cN 为整型常变量

此语句定义了一个元素类型为 char 的二维数组 f，它行、列下标的上界均为 cN，其取值均为 0~cN 之间的整数。该语句同时定义了字符变量 c1 和 c2，并使 c1 初始化为字符 "a"。

(7) int g[10], h[10][5];

此语句定义了两个元素类型为 int 的数组，一个为一维数组 g[10]，另一个为二维数组 h[10][5]，它们分别含有 10 个元素和 50 个元素，每个元素能够表示和存储一个整数。

(8) int r[][5];

此语句定义的二维数组 r 是错误的，因为它既没有给出第一维下标的取值个数，又没有给出初始化选项，所以系统无法确定该数组的长度，从而无法为它分配一定大小的存储空间。

3. 二维数组元素的访问

二维数组的元素是通过数组名、行下标和列下标来确定的。其行下标和列下标不仅可以为常量，还可以为整型（或字符型）变量或表达式。

二维数组的元素像简单变量一样使用，既可以用它存储数据，又可以参加运算。如：

【例 4-7】 对二维数组元素进行操作，给二维数组元素赋值，并按行输出。

```cpp
#include <iostream.h>
#include <iomanip.h>
main()
{
    int i,j;
    int a[4][5]={0};              //定义数组
    a[1][2]=6;                    //向a[1][2]元素赋值6
    //取出a[1][2]的值6参与运算,把赋值号右边表达式的值19赋给a
    [2][2]元素
    a[2][2]=3*a[1][2]+1;
    for(i=0;i<4;i++)
    {
        for(j=0;j<5;j++)
        {
            a[i][j]=(i+1)*(j+1);
                                  //为二维数组元素赋值
            cout<<setw(5)<<a[i][j];
        }
        cout<<endl;
    }
    return 0;
}
```

C++系统对二维数组的下标同样不作有效性检查,所以也需要编程者通过程序进行检查,避免下标越界的情况发生。

C++语言中,不仅可以定义和使用一维数组和二维数组,也可以定义和使用三维及更高维的数组。例如下面的语句定义了一个三维数组:

//P,M,N 均为已定义的整型常量
const int P=4,M=4,N=5; int s[P][M][N];

该数组的数组名为s,第一维下标的取值范围为0~P-1,第二维下标的取值范围为0~M-1,第三维下标的取值范围为0~N-1。该数组共包含P*M*N个int型的元素,共占用P*M*N*4个字节的存储空间。数组中的每个元素由3个下标惟一确定,如s[1][0][3]就是该数组中的一个元素。

若用一个三维数组来表示一本书,则第一维表示页,第二维表示行,第三维表示行内一个字符位置所在的列,数组中每个元素的值就是相应位置上的字符。

4. 程序举例

【例4-8】 定义一个二维数组并赋初值,然后按行输出。

```
#include <iomanip.h>
const int M=3,N=4;
void main()
{
    int a[M][N]={{7,5,14,3},{6,20,7,8},{14,6,9,18}};
    int i,j;
    for(i=0;i<M;i++)
    {
        for(j=0;j<N;j++)
            cout<<setw(5)<<a[i][j];
        cout<<endl;
    }
}
```

该程序首先定义了一个元素为 int 类型的二维数组 a[M][N],并对它进行了初始化;接着通过双重 for 循环输出每一个元素的值,其中外循环变量 i 控制行下标从小到大依次变化,内循环变量 j 控制列下标从小到大依次变化,每输出一个元素值占用显示窗口的 5 个字符宽度,当同一行元素(即行下标值相同的元素)输出完毕后,将输出一个换行符,以便下一行元素从显示窗口的下一行显示出来。该程序的运行结果为:

```
    7    5   14    3
    6   20    7    8
   14    6    9   18
```

【例4-9】 求二组数组元素中最大值。

```
#include <iostream.h>
void main()
{
    int b[2][5]={{7,15,2,8,20},{12,25,37,16,28}};
    int i,j,k=b[0][0];
    for(i=0;i<2;i++)
        for(j=0;j<5;j++)
            if(b[i][j]>k)
                k=b[i][j];
```

```
        cout << k << endl;
}
```

在这个程序中首先定义了元素类型为 int 的二维数组 b[2][5] 并初始化,接着定义了 int 型的简单变量 i,j,k,并对 k 初始化为 b[0][0] 的值 7,然后使用双重 for 循环依次访问数组 b 中的每个元素,并且每次把大于 k 的元素值赋给 k,循环结束后 k 中将保存着所有元素中的最大值,并被输出,这个值就是 b[1][2] 的值 37。

【例 4-10】 求一个二维数组各行元素之和,将结果存储在一个一维数组中,最后求出二维数组的所有元素之和。

```
#include <iostream.h>
const int M = 4;
void main()
{
        int c[M] = {0};//定义一个一维数组c,保存二维数组中各行元素之和
        //定义一个二维数组d
        int d[M][3] = {{1,5,7},{3,2,10},{6,7,9},{4,3,7}};
        int i,j,sum = 0;     //sum 存储二维数组 d 中所有元素之和
        for (i = 0;i < M;i++)
        {
            for (j = 0;j < 3;j++)
                c[i] += d[i][j];      //求第 i+1 行元素之和
            sum += c[i];  //将各行元素之和累加,用以求所有元素之和
        }
        for(i = 0;i < M;i++)
            cout << c[i] << ' ';
        cout << sum << endl;
}
```

该程序主函数中的第 1 条语句定义了一个一维数组 c[M] 并使每个元素初始化为 0;第 2 条语句定义了一个二维数组 d[M][3] 并使每个元素按所给的数值初始化;第 3 条语句定义了 i,j 和 sum 初始化为 0;第 4 条语句是一个双重 for 循环,它依次访问数组 d 中的每个元素,并把每个元素的值累加到数组 c 中与该元素的行下标值相同的对应元素中,然后再把数组 c 中的这个元素值累加到 sum 变量中;第 5 条语句依次输出数组 c 中的每个元素值;第 6 条语句输出 sum 的值。该程序把二维数组 d 中的同一行元素值累加到一维数组 c 中的每个元素中,把所有元素的值累加到简单变量 sum 中。该程序的运行结果为:

13 15 22 14 64

4.3 数组作为函数的参数

常量和变量可以用做函数实参,同样数组元素也可以作为函数实参,其用法与变量的用法相同。数组名也可以作实参和形参,传递的是数组的起始地址。

4.3.1 用数组元素作函数参数

由于实参可以是表达式,而数组元素可以是表达式的组成部分,因此数组元素当然可以作为函数的实参,与用变量作实参一样,将数组元素的值传送给形参变量。

【例4-11】 求二维数组中元素的最大值。要求定义函数 max_value 求两个数的最大者并返回结果。可编写程序如下:

```
#include <iostream.h>
using namespace std;
int main()
{ int max_value(int x,int max);         //函数声明
  int i,j,row=0,colum=0,max;
  //数组初始化
  int a[3][4]={{5,12,23,56},{19,28,37,46},{-12,-34,6,8}};
  max=a[0][0];
  for (i=0;i<=2;i++)
     for (j=0;j<=3;j++)
     {         //函数调用中使用了数组元素 a[i][j]作为实参
        max=max_value(a[i][j],max);    //调用 max_value 函数
        if(max==a[i][j])               //如果函数返回的是 a[i][j]的值
        {
           row=i;                      //记下该元素行号 i
           colum=j;                    //记下该元素列号 j
        }
     }
  cout<<"max="<<max<<",row="<<row<<",colum="<<colum<<endl;
}
int max_value(int x,int max)           //定义 max_value 函数
{
```

```
        if( x > max )  return x;              //如果 x>max,函数返回值为 x
        else return max;                      //如果 x≤max,函数返回值为 max
}
```

4.3.2 用数组名作函数参数

由于数组元素可以同一般变量一样使用,所以数组元素可以作为函数的参数。与一般变量作实参一样,可以将数组元素的值传送给形参变量。

数组名也可以用做函数参数,此时实参与形参都用数组名(也可以用指针变量,见本书第五章)。

【例 4-12】 用选择法对数组中 10 个整数按由小到大的顺序排序。

所谓选择法就是先将 10 个数中最小的数与 a[0]对换,再将 a[1]到 a[9]中最小的数与 a[1]对换……每比较一轮,找出一个未经排序的数中最小的一个,共比较 9 轮。

根据此思路编写程序如下:

(1)从键盘输入 10 个数,并将其存储在一个有 10 个元素的整型数组 a 中。

(2)进行选择排序:

① int i = 0;   //每一轮比较起始元素的下标
   int k = 0;   //每一轮比较得到的最小元素的下标

② 通过循环求出 a[i]到 a[9]中最小的数的下标 k;

③ 如果 i 不等于 k,将 a[i]与 a[k]对换;

④ i = i+1,转到第②步。

(3)输出排序的结果。

```
#include  < iostream. h >
using namespace std;
int main()
{       void select_sort( int array[ ],int n);        //函数声明
        int a[10],i;
        cout << "enter the origin array a:"<< endl;
        for( i = 0;i < 10;i ++ )                      //输入 10 个数
              cin >> a[i];
        cout << endl;
        select_sort(a,10);                            //函数调用,数组名作实参
        cout << "the sorted array:" << endl;
```

```
        for(i = 0;i < 10;i + + )              //输出10个已排好序的数
            cout << a[i] << " ";
        cout << endl;
        return 0;
    }
    void select_sort(int array[ ],int n)     //形参 array 是数组名
    {   int i,j,k,t;
        for(i = 0;i < n - 1;i + + )
        {   k = i;      //假定第 i + 1 个元素为最小,将其下标赋给 k
            //求第 i + 1 个数到第 n 个数之间的最小数的下标
            for(j = i + 1;j < n;j + + )
                if(array[j] < array[k])
                    k = j;
            if(k! = i)    //将下标为 k 的最小数与第 i + 1 个元素交换
            {
                t = array[k];array[k] = array[i];array[i] = t;
            }
        }
    }
```

运行结果如下:
enter the origin array a:
6　9　－2　56　87　11　－54　3　0　77↙　　//输入10个数
the sorted array:
－54　－2　0　3　6　9　11　56　77　87

关于用数组名作函数参数有两点要说明:

(1)如果函数实参是数组名,形参也应为数组名(或指针变量,关于指针见第五章),形参不能声明为普通变量(如"int array")。实参数组与形参数组类型应一致(现都为 int 型),若不一致,结果将出错。

(2)需要特别说明的是:数组名代表数组第一个元素的地址,并不代表数组中的全部元素。因此用数组名作函数实参时,不是把实参数组的值传递给形参,而只是将实参数组第一个元素的地址传递给形参。

形参可以是数组名,也可以是指针变量,它们用来接收实参传来的地址。如果形

参是数组名,它代表的则是形参数组第一个元素的地址。在调用函数时,**将实参数组第一个元素的地址传递给形参数组名。这样,实参数组和形参数组就共占同一段内存单元**。见图4-3。

	a[0]	a[1]	a[2]	a[3]	a[4]	a[5]	a[6]	a[7]	a[8]	a[9]
起始地址1000	2	4	6	8	10	12	14	16	18	20
	b[0]	b[1]	b[2]	b[3]	b[4]	b[5]	b[6]	b[7]	b[8]	b[9]

图 4-3

在用变量作函数参数时,只能将实参变量的值传给形参变量。在调用函数过程中如果改变了形参的值,对实参没有影响,即实参的值不因形参的值改变而改变。**而用数组名作函数实参时,改变形参数组元素的值将同时改变实参数组元素的值**。在程序设计中往往有意识地利用这一特点改变实参数组元素的值。

实际上,声明形参数组并不意味着真正建立一个包含若干元素的数组,在调用函数时也不对它分配存储单元,只是用array[ ]这样的形式表示array是一维数组名,以接收实参传来的地址。因此array[ ]中方括号内的数值并无实际作用,编译系统对一维数组方括号内的内容不予处理。形参一维数组的声明中可以写元素个数,也可以不写。

函数首部的下面几种写法都合法,作用相同。

```
void select_sort(int array[10],int n)      //指定元素个数与实参数组相同
void select_sort(int array[ ],int n)       //通过指定元素个数
void select_sort(int array[5],int n)       //指定元素个数与实参数组不同
```

4.3.3 用多维数组名作函数参数

如果用二维数组名作为实参或形参,在对形参数组声明时,必须指定第二维(即列)的大小,且应与实参的第二维的大小相同。第一维的大小可以指定,也可以不指定。如:

```
      int array[3][10];           //形参数组的两个维都指定
或    int array[ ][10];           //第一维大小省略
```

二者都合法而且等价,但是不能把第二维的大小省略。下面的形参数组写法不合法:

```
      int array[ ][ ];            //不能确定数组的每一行有多少列元素
      int array[3][ ];            //不指定列数就无法确定数组的结构
```

在第二维大小相同的前提下,形参数组的第一维可以与实参数组不同。例如,实

第四章 数组与字符串

参数组定义为：

  int score[5][10];

而形参数组可以声明为：

  int array[3][10];   //列数与实参数组相同,行数不同

  int array[8][10];

这时形参二维数组与实参二维数组都是由相同类型和大小的一维数组组成的,实参数组名 score 代表其首元素(即第一行)的起始地址,系统不检查第一维的大小。

如果是三维或更多维的数组,处理方法是类似的。

【例 4-13】 有一个 3×4 的矩阵,求矩阵中所有元素中的最大值。要求用函数处理。

解此题的算法已在例 4-11 中介绍。

程序如下：

```cpp
#include <iostream.h>
using namespace std;
int main()
{
    int max_value(int array[][4]);
    int a[3][4] = {{11,32,45,67},{22,44,66,88},{15,72,43,37}};
    cout << "max value is " << max_value(a) << endl;
    return 0;
}
int max_value(int array[][4])
{
    int i,j,max;
    max = array[0][0];
    for(i = 0;i < 3;i++)
        for(j = 0;j < 4;j++)
            if(array[i][j] > max)
                max = array[i][j];
    return max;
}
```

运行结果如下：

max value is 88

读者可以将 max_value 函数的首部改为以下几种情况,观察编译情况：

```
int max_value(int array[ ][ ])
int max_value(int array[3][ ])
int max_value(int array[3][4])
int max_value(int array[10][10])
int max_value(int array[12])
```

4.4 数组应用举例

数组是表示和存储数据的一种重要方法,是一种典型的数据组织形式,在实际中应用非常广泛,如计算、统计、排序、查找等各种运算。

【例 4-14】 已知两个矩阵 A 和 B 如下：

$$A = \begin{pmatrix} 7 & -5 & 3 \\ 2 & 8 & -6 \\ 1 & -4 & -2 \end{pmatrix}, B = \begin{pmatrix} 3 & 6 & -9 \\ 2 & -8 & 3 \\ 5 & -2 & -7 \end{pmatrix}$$

编一程序计算出它们的和、差。

分析:两个矩阵相加或相减的条件是参与运算的两个矩阵的行数和列数必须分别对应相等,它们的和或差仍为一个矩阵,并且与两个相加或相减的矩阵具有相同的行数和列数。此题中的两个矩阵均为 3 行、3 列,所以它们的和矩阵同样为 3 行、3 列。两矩阵相加或相减的运算规则是,结果矩阵中每个元素的值等于两个相加或相减矩阵中对应位置上的元素相加或相减,即 C[i][j] = A[i][j] + B[i][j] 或 C[i][j] = A[i][j] - B[i][j],其中 A 和 B 表示两个矩阵,C 表示运算结果矩阵。在程序中,首先定义 4 个二维数组,假定分别用标识符 a,b,c,d 表示,并对 a 和 b 进行初始化;接着根据 a 和 b 计算出 c,d,然后按照矩阵的书写格式输出数组 c,d。根据分析编写出程序如下：

```
#include <iomanip.h>
#include <iostream.h>
const int N = 3;
void main();
{
    int a[N][N] = {{7,-5,3},{2,8,-6},{1,-4,-2}};
    int b[N][N] = {{3,6,-9},{2,-8,3},{5,-2,-7}};
    int i,j,c[N][N], d[N][N];
    for(i = 0;i < N;i++)
        for(j = 0,j < N;j++)
        {
```

```
            c[i][j] = a[i][j] + b[i][j];        //计算矩阵 a,b 对应元素的和
            d[i][j] = a[i][j] - b[i][j];        //计算矩阵 a,b 对应元素的差
        }
    for(i = 0;i < N;i++)            //输出矩阵 c
    {   for(j = 0;j < N;j++)
            cout << setw(5)<< c[i][j];
        cout << endl;
    }
    for(i = 0;i < N;i++)            //输出矩阵 d
    {   for(j = 0;j < N;j++)
            cout << setw(5)<< d[i][j];
        cout << endl;
    }
}
```

【例 4-15】 有一家公司生产一种型号的产品,上半年各月的产量如表 4-1 所示,每种型号产品的单价如表 4-2 所示。编写一个程序计算上半年的总产值。

表 4-1　　　　产量统计表

月份\型号产量	TV-14	TV-18	TV-21	TV-25	TV-29
一	438	269	738	624	513
二	340	420	572	726	612
三	455	286	615	530	728
四	385	324	713	594	544
五	402	382	550	633	654
六	424	400	625	578	615

表 4-2　　单价表

型号	单价(元)
TV-14	500
TV-18	950
TV-21	1 340
TV-25	2 270
TV-29	2 985

分析:(1)表 4-1 用一个 6 行、5 列的整型二维数组 b 来存储,即该数组的行下标表示月份,即用 0~5 依次表示 1~6 月份。该数组的列下标表示产品型号,即用 0~4 依次表示 TV-14,TV-18,TV-21,TV-25 和 TV-29。数组中的每一元素值为相应月份和型号的产量。

(2)表 4-2 用一个能容纳 5 个整型元素一维数组 c 来存储,该数组的下标依次对应每一种产品型号,每一元素值为该型号的单价。

(3)计算上半年的总产值,首先必须计算出每月份的产值,然后再逐月累加起

来。设一维数组 d[6] 用来存储各月份的产值,即用 d[0] 存储 1 月份的产值,d[1] 存储 2 月份的产值,依次类推。设用变量 sum 累加每一月份的产值,当从 1 月份累加到 6 月份之后,sum 的值就是该公司上半年的总产值。根据数组 b 和 c 计算出第 i+1 月份产值的公式为:

$$d[i]=\sum_{j=0}^{4} b[i][j] \times c[j] \quad (0 \leq i \leq 5)$$

根据分析,编写出此题的完整程序如下:

```
#include <iostream.h>
void main()
{
    int b[6][5] = {{438,269,738,624,513},{340,420,572,726,612},
        {455,286,615,530,728},{385,324,713,594,544},
        {402,382,550,633,654},{424,400,625,578,615}};
    int c[5] = {500,950,1340,2270,2985};
    int d[6] = {0};
    int sum = 0;
    int i,j;
    for(i=0;i<6;i++)
    {
        for (j=0;j<5;j++)
            d[i] += b[i][j]*c[j];
        cout << d[i] << ' ';        //输出第 i+1 月份的产值
        sum += d[i];                //把第 i+1 月份的产值累加到 sum 中
    }
    cout << endl << "sum:" << sum << endl;    //输出上半年总产值
}
```

若上机输入和运行该程序,则得到的输出结果为:
4411255   4810320   4699480   4427940   4690000   4577335
sum:27616330

【例 4-16】 某社区对所属 N 户居民进行月用电量统计,每隔 50 度用电量为一个统计区间,但当大于等于 500 度时为一个统计区间。编一程序,分析统计每个用电区间的居民户数。

分析:

(1)将用电区间划分成 11 个,定义一个整型数组 c[11] 存储每一个区间的居民户数,用c[0]统计0~49区间的居民户数,用c[1]统计50~99区间的居民户数,依次类推,用c[9]统计450~499区间的居民户数,用c[10]统计用电量大于等于500度的居民户数。

(2)首先定义数组c[11]并初始化每个元素的值为0;接着通过N次循环,从键盘上依次输入每户的用电量x,并统计到相应的元素中去,即下标为x/50的元素中,当然若x≥500,则统计到c[10]元素中,最后通过循环输出在数组c中保存的统计结果。 根据分析编写程序如下:

```
#include <iostream.h>
const int N = 100;          //假定N的值为100
void main()
{
    int c[11] = {0};
    int i, x;
    for(i = 1; i <= N; i++)
    {
        cin >> x;
        if(i < 500)
            c[x/50]++;
        else
            c[10]++;
    }
    for(i = 0; i <= 10; i++)
        cout << "c[" << i << "] = " << c[i] << endl;
}
```

【例4-17】 已知10个常数42,65,80,74,36,44,28,65,94,72。编一个程序,采用插入排序法对其进行排序,并输出结果。

分析:

(1)定义一个能容纳n个数据的一维数组a,并将待排序的数据存入其中。

(2)开始时将a[0]看成是一个有序表,它只有一个元素,把a[1]~a[n-1]看成是一个无序表。

(3)依次从无序表中取a[i](i=1,2,…,n-1),把它插入到前面有序表的适当位置上,使之仍为一个有序表,直至无序表中的元素个数为0止。

(4)插入方法:如何在第i次把无序中的第一个元素a[i]插入到前面的有序表a[0]~a[i-1]中,使之成为一个新的有序表a[0]~a[i]。从有序表的表尾a[i-1]开始,依次向前使每一个a[j](j=i-1,i-2,…,1,0)同a[i]进行比较,若a[i] <

a[j],则把 a[j]后移一个位置,直至条件不成立或 j<0 为止。此时空出的下标 j+1 的位置就是 x 的插入位置,接着把 x 的值存入 a[j+1]即可。

```cpp
#include <iostream.h>
using namespace std;
const int n = 10;
int main()
{
    void InsertSort(int a[],int n);      //函数声明
    int a[n] = {42,65,80,74,36,44,28,65,94,72};    //定义一个数组
    InsertSort(a,n);                     //调用函数进行插入排序
    for(int i = 0;i < n;i ++)            //输出排序后的结果
        cout << a[i] << " ";
    cout << endl;
    return 0;
}
void InsertSort(int a[],int n)
{
    int i,j,x;
    for(i = 1;i < n;i ++)
    {
      x = a[i];        //将待排序的元素 a[i]存储在这个 x 中
      { for(j = i - 1;j >= 0;j --)       //寻找插入位置
          if(x < a[j])
              a[j+1] = a[j];             //后移一个位置
          else
              break;
      }
      a[j+1] = x;      //将 x 插入到已找到的插入位置
    }
}
```

在对数组 a[10]中的元素进行插入排序的过程中,每次从无序表中取出第一个元素插入前面的有序表后各元素值的排列情况如图 4-4 所示,其中方括号内为本次得到的有序表,其后为无序表。

【例 4-18】 假定在一位数组 a[10]中保存着 10 个整数 42,65,73,28,48,66,30,65,94,72。编译程序从中顺序查找出具有给定值 x 的元素,若查找成功则返回该元素的下标位置,否则表明查找失败返回 -1。

第四章 数组与字符串

```
           0    1    2    3    4    5    6    7    8    9
          ┌──┬──┬──┬──┬──┬──┬──┬──┬──┬──┐
          │42│65│80│74│36│44│28│65│94│72│
          └──┴──┴──┴──┴──┴──┴──┴──┴──┴──┘
              ↓
  (1)    [42  65]  80   74   36   44   28   65   94   72
                   ↓
  (2)    [42  65   80]  74   36   44   28   65   94   72
                   ↓
  (3)    [42  65   74   80]  36   44   28   65   94   72
              ↓
  (4)    [36  42   65   74   80]  44   28   65   94   72
                   ↓
  (5)    [36  42   44   65   74   80]  28   65   94   72
          ↓
  (6)    [28  36   42   44   65   74   80]  65   94   72
                                  ↓
  (7)    [28  36   42   44   65   65   74   80]  94   72
                                            ↓
  (8)    [28  36   42   44   65   65   74   80   94]  72
                                                 ↓
  (9)    [28  36   42   44   65   65   72   74   80   94]
```

图 4-4 插入排序过程示例

此程序比较简单,假定把从一维数组中顺序查找的过程单独用一个函数模块来实现,把调用该函数进行顺序查找通过主函数来实现,则整个程序如下:

```
#include <iostream.h>
const int N=10;          //假定把数组中保存的数据个数用常量 N 表示
int a[N]={42,55,73,28,48,66,30,65,94,72};
int SequentialSearch(int x)    //顺序查找算法
{
    for(int i=0;i<N;i++)
        if(x==a[i])
            return i;         //查找成功返回元素 a[i]的下标值
        return -1;            //查找失败返回-1
}
void main()
{
    int x1=48,x2=60,f;
    f=SequentialSearch(x1);     //从数组 a[N]中查找值为 x1 的元素,
    if(f==-1)
```

```
                cout << "查找:" << x1 << "失败!" << endl;
        else
                cout << "查找:" << x1 << "成功!" << "下标为" << f << endl;
        //查找成功或失败分别显示出相应的信息
        f = SequentialSearch(x2);        //查找值为 x2 的元素,返回值赋给 f
        if (f == -1)
                cout << "查找:" << x2 << "失败!" << endl;
        else
                cout << "查找:" << x2 << "成功!" << "下标为" << f << endl;
}
```

上机输入和运行该程序,得到的输出结果为:
查找 48 成功! 下标为 4
查找 60 失败!

【例 4-19】 假如一维数组 a[N] 中的元素是一个从小到大顺序排列的有序表。编一程序从数组 a 中用二分查找算法找出其值等于给定值 x 的元素。

分析:二分查找又称折半查找或对分查找。它比顺序查找要快得多,特别是当数据量很大时效果更显著。二分查找只能在有序表上进行,对一个无序表则只能采用顺序查找。在有序表 a[N] 上进行二分查找的过程为:

(1) 初始状态:查找区间为 a[0] ~ a[N-1],令 low = 0, high = N-1,即查找区间为 [low, high],待查数据为 x。

(2) mid = (low + high)/2

● 如果 a[mid] == x,表示已找到;

● 否则,如果 a[mid] > x,表示待查数据 x 在 a[mid] 的左边,令 high = mid-1,查找区间在 [low, high]。

● 否则,如果 a[mid] < x,表示待查数据 x 在 a[mid] 的右边,令 low = mid+1,查找区间在 [low, high];

(3) 如果 low <= high,回到(2),否则转(4)。

(4) 数据 x 没有找到。

假定数组 a[10] 中的 10 个整型元素如图 4-5 所示。

0	1	2	3	4	5	6	7	8	9
15	26	37	45	48	52	60	66	73	90

图 4-5

用二分查找算法找出值为 37 的元素，其具体过程为：开始时查找区间为 a[0]~a[9]，其中点元素的下标 mid 为 4，因 a[4] 值为 48，其给定值 37 小于它，所以接着在左区间 a[0]~a[3] 中继续二分查找；此时中点元素的下标 mid 为 1，因 a[1] 的值为 26，其给定值 37 大于它，所以接着在右区间 a[2]~a[3] 中继续二分查找；此时中点元素的下标 mid 为 (2+3)/2 的值 2，因 a[2] 的值为 37，给定值与它相等，到此查找结束返回该元素的下标值 2。此查找过程可用图 4-6 表示出来，其中每次二分查找区间用方括号括起来，该区间的下界和上界分别用 low 和 high 表示。

```
        下标0    1    2    3    4    5    6    7    8    9
        (1) [ 15   26   37   45   48   52   60   66   73   90 ]
             ↑low                ↑mid                      ↑high
        (2) [ 15   26   37   45 ] 48   52   60   66   73   90
             ↑low    ↑mid    ↑high
        (3)   15   26  [ 37   45 ] 48   52   60   66   73   90
                      low,mid↑  ↑high
```

图 4-6 二分查找 37 的过程示意图

若要从数组 a[10] 中二分查找其值为 70 的元素，则经过 3 次比较后因查找区间变为空，即区间下界 low 大于区间上界 high，所以查找失败。其查找失败过程如图 4-7 所示。

```
        下标0    1    2    3    4    5    6    7    8    9
        (1) [ 15   26   37   45   48   52   60   66   73   90 ]
             ↑low                ↑mid                      ↑high
        (2)   15   26   37   45   48  [ 52   60   66   73   90 ]
                                        ↑low    ↑mid       ↑high
        (3)   15   26   37   45   48   52   60   66  [ 73   90 ]
                                                    low,mid↑ ↑high
        (4)   15   26   37   45   48   52   60   66 ] [ 73   90
                                                    ↑high  ↑low
```

图 4-7 二分查找 70 的过程示意图

根据以上的分析和举例说明，编写出此题的完整程序如下：
```
#include <iostream.h>
const int N = 10;        //假定 N 值等于 10
int a[N] = {15,26,37,45,48,52,60,66,73,90};        //定义数组 a[N] 并初始化
```

```cpp
int BinarySearch( int x )        //二分查找算法
{
    int low = 0, high = N - 1;        //定义并初始化区间下界和上界变量
    int mid;                  //定义保存中点元素下标的变量
    while( low <= high )
    {              //当前查找区间非进行一次二分查找过程
        mid = (low + high)/2;            //计算出重点元素的下标
        if( x == a[ mid ] )
            return mid;        //查找成功返回
        else if( x < a[ mid ] )
            high = mid - 1;        //修改得到左区间
        else
            low = mid + 1;          //修改得到右区间
    }
    return -1;  //查找失败返回 -1
}
void main ( )
{
    int b[3] = {37,48,70};        //假定待查元素值用数组 b 表示
    int f;        //用于保存调用二分函数查找函数的返回值
    for( int i = 0; i < 3; i++ )
    {
        f = BinarySearch( b[ i ] );
        if( f! = -1 )
            cout << "二分查找" << b[ i ] << "成功!" << "下标为" << f << endl;
        else
            cout << "二分查找"  << b[ i ] << "失败" << endl;
    }
}
```

该程序运行结果如下:
二分查找 37 成功! 下标为 2
二分查找 48 成功! 下标为 4
二分查找 70 失败!

4.5 字 符 串

4.5.1 字符串概念

1. 字符串的定义

在C++语言中,一个字符串就是用一对双引号括起来的一串字符,其双引号是该字符串的起止标识符,它不属于字符串本身的字符。如:"input a integer to x:"就是一个C++字符串。

一个字符串的长度等于双引号内所有字符的个数,其中每个ASCII码字符的长度为1,每个区位码字符(如汉字)的长度为2,如字符串"input a integer to x:"的长度为20。

特殊地,当一个字符串不含有任何字符时,则称为空串,其长度为0。当只含有一个字符时,其长度为1,如" "是一个空格串,"A"是一个长度为1的字符串。注意:'A'和"A"是不同的,前者表示一个字符A,后者表示一个字符串A,虽然它们的值都是A,但它们具有不同的存储格式。

在一个字符串中不仅可以使用一般字符,而且可以使用转义字符。如"\" cout << ch \"\n"字符串包含有11个字符,其中第1个和第10个为表示双引号的转义字符,最后一个为表示换行的转义字符。

2. 字符串的存储

在C++语言中,利用一维字符数组来存储字符串的,该字符数组的长度要大于等于待存字符串的长度加1。设一个字符串的长度为n,则用于存储该字符串的数组的长度应至少为n+1。

把一个字符串存入数组时,是把字符串中的每个字符依次存入到数组对应的元素中,即把字符串的第一个元素存到下标为0的元素中,第二个字符存入下标到为1的元素中,依次类推,最后把一个空字符'\0'存入到下标为n的元素中,这里假定字符串的长度为n。当然存储每个字符就是存储它的ASCII码或区位码。如利用一个字符数组a[12]来存储字符串"strings.\n"时,数组a中的内容为:

0	1	2	3	4	5	6	7	8	9	10	11
s	t	r	i	n	g	s	.	\n	\0		
83	116	114	105	110	103	115	46	10	0		

图 4-8 "strings.\n"存储表示

图4-8第一行是数组的下标,第二行是字符串在数组中的存储表示,第三行是字符串中对应字符的ASCII码值。

若一个数组被存储了一个字符串后,其尾部还有剩余的元素,实际上也被自动存储上空字符'\0'。在上述例子中,a[10]和a[11]元素的值也被自动置为'\0'。

3. 利用字符串初始化字符数组

在定义字符数组时,可以用字符串初始化数组,并存入到数组中,但不能通过赋值表达式直接给字符数组赋值。如:

(1) char a[10] = "array";

该语句定义了字符数组a[10]并被初始化为"array",其中a[0]~a[5]元素的值依次为字符"a","r","r","a","y","\0"。

(2) char c[8] = "";

该语句定义了字符数组c[8]并初始化为一个空串,此时它的每一个元素的值均为'\0'。

(3) a = "struct";

该语句是非法的,因为它试图使用赋值号把一个字符串直接赋值给一个数组。

(4) a[0] = 'A';

该语句是合法的,它把字符"A"赋给了元素a[0],使得数组中保存的字符串变为"Array"。

利用字符串初始化字符数组,也可以写成初值表的方式。如上述第一条语句"char a[10] = "array";"与下面语句完全等效。

char a[10] = {'a','r','r','a','y','\0'};

其中'\0'也可直接写为"0"。

注意:最后一个字符'\0'是必不可少的,它是一个字符串在数组中结束的标志。

4. 字符串的输入和输出

用于存储字符串的字符数组,其元素可以通过下标运算符访问,此外,还可以对它进行整体输入/输出操作和有关的函数操作。若假定a[11]为一个字符数组,则:

(1) cin >> a;

(2) cout << a;

这是允许的,即允许在提取或插入操作符后面使用一个字符数组名实现向数组输入字符串或输出数组中保存的字符串的目的。

计算机执行上述"cin >> a;"语句时,要求用户从键盘上输入一个不含空格的字符串,空格或回车键作为字符串输入的结束符,系统就把该字符串存入到字符数组a中。当然在存入的整个字符串的后面将自动存入一个结束符'\0'。

注意:输入字符的长度要小于数组a的长度,这样才能够把输入的字符串有效地存储起来,否则是程序设计的一个逻辑错误,可能导致程序运行出错。另外,输入的字符串不需要另加双引号定界符,只要输入字符串本身即可。假如输入了双引号则被视为一般字符。

执行上述"cout<< a"语句时向屏幕输出在数组 a 中保存的字符串,它将从数组 a 中下标为 0 的元素开始,依次输出每个元素的值,直到遇到字符串结束符'\0'为止。若数组 a 中的内容为:

0	1	2	3	4	5	6	7	8	9	10
w	r	i	t	e	\0	r	e	a	d	\0

则输出 a 时只会输出第一个空字符前面的字符串"write",而它后面的任何内容都不会被输出。

利用插入操作符 << 不仅能够输出字符数组中保存的字符串,而且能够直接输出一个字符串常量,即用双引号括起来的字符串。如:

cout << "x + y = " << x + y << endl;

此语句输出字符串"x + y = "后接着输出 x + y 的值和一个换行符。若 x 和 y 的值分别为 15 和 24,则得到的输出结果为:

x + y = 39

5. 利用二维数组存储字符串

一维字符数组能够保存一个字符串,而二维字符数组能够同时保存若干个字符串,每行保存一个字符串,每个字符串长度至多为二维字符数组的列数减 1,而且最多能保存的字符串个数等于该数组的行数。如:

(1) char a[7][4] = {"SUN","MON","TUE","WED","THU","FRI","SAT"};

在此语句中定义了一个二维字符数组 a,它包含 7 行,每行有 4 个字符空间,每行用来保存长度小于等于 3 的一个字符串。该语句同时对 a 进行了初始化,使得 "SUN"被保存到行下标为 0 的行里,该行包括 a[0][0],a[0][1],a[0][2],a[0][3]这 4 个二维元素,每个元素的值依次为 S,U,N 和\0,同样"MON"被保存到行下标为 1 的行里……"SAT"被保存到行下标为 6 的行里。以后既可以利用二维数组元素 a[i][j](0≤i≤6,0≤j≤2) 访问每个字符元素,也可以利用只带行下标的单下标变量 a[i](0≤i≤6) 访问每个字符串。如 a[2]则表示字符串"TUE",a[5]则表示字符串"FRI",cin << a[i]则表示向屏幕输出 a[i]中保存的字符串。

(2) char b[ ][8] = {"well","good","middle","pass","bad"};

此语句定义了一个二维字符数组 b,它的行数没有显式地给出,隐含为初值表中所列字符串的个数,因所列字符串为5个,所以数组b的行数为5,又因为列数被定义为8,所以每一行所存字符串的长度要小于等于7。此语句被执行后b[0]表示字符串"well",b[1]表示字符串"good"……

(3) char c[6][8] = {"int", "double","char"};

此语句定义了一个二维数组c,它最多能存储6个字符串,每个字符串的长度要不超过9,此数组前三个字符串c[0],c[1],c[2]分别被初始化为"int","double"和"char",后三个字符串均被初始化为空串。

【例4-20】 编写一个程序,从键盘依次输入10个字符串保存到二维字符数组w中。输入的每个字符串的长度不得超过29。

```
#include <iostream.h>
main()
{
    const int N = 3;
    char w[N][30];
    for (int i = 0; i < N; i++)        //从键盘输入N个字符串
        cin >> w[i];
    //按相反的次序依次输出在数组w中保存的所有字符串
    for(i = N - 1; i >= 0; i--)
        cout << w[i] << endl;
    return 0;
}
```

4.5.2 字符串函数

C++系统专门为处理字符串提供了一些预定义函数供编程者使用,这些函数的原型被保存在string.h头文件中。当用户在程序文件开始使用#include <string.h>命令把该头文件引入之后,就可以调用头文件string.h中定义的字符串函数,对字符串进行相应的处理。

C++系统提供的处理字符串的预定义函数有许多,从C++库函数资料中可以得到全部说明。下面简要介绍其中几个主要的字符串函数。

1.求字符串长度

函数原型:int strlen(const char s[]);

此函数用来求一个字符串的长度。例如"strlen("C++ programming");"表示求字符串"C++ programming"的长度,其结果是15。

调用该函数时,将返回实参字符串的长度。

2. 字符串拷贝

函数原型:char *strcpy(char *dest,const char *src);

此函数将指针 src 指向的字符串复制到目标指针 dest 指向的存储空间中。

因为此函数只需要从 src 字符串中读取内容,不需要修改它,所以用 const 修饰。而对于第一个参数 dest,因需要修改它的内容,所以就不能用 const 修饰。

【例 4-21】 验证字符串拷贝函数。

```
#include <iostream.h>
#include <string.h>           //必须包含这个头文件
int main()
{
    char a[10],b[10] = "copy";
    strcpy(a,b);               //将 b 指向字符串"copy"复制到 a 指向的字符串中
    cout << a << ' ' << b << ' ';    //输出字符串 a 和 b,它们应该相同
    cout << strlen(a) << ' ' << strlen(b) << endl;
                                //输出这两个字符串的长度
    return 0;
}
```

此程序段首先定义了两个字符数组 a 和 b,并对 b 初始化为"copy";接着调用 strcpy 函数,把 b 所指向(即数组 b 保存)的字符串"copy"拷贝到 a 所指向(即数组 a 占用)的存储空间中,使得数组 a 保存的字符串同样为"copy",该函数返回 a 的值被自动丢失。此程序段中的"cout << a << ' ' << b << ' '"语句输出 a 和 b 所指向的字符串,或者说输出数组 a 和 b 中所保存的字符串;"cout << strlen(a) << ' ' << strlen(b) << endl;"语句输出 a 和 b 所指向的字符串的长度。该程序段的运行结果为:

copy copy 4 4

3. 字符串连接

函数原型:char *strcat(char *dest,const char *src);

此函数的功能是把两个参数 src 所指字符串拷贝到第一个参数 dest 所指字符串之后的存储空间中,或者说,把 src 所指字符串连接到 dest 所指字符之后。该函数返回 dest 的值。

使用此函数时要确保 dest 所指字符串之后有足够的存储空间用于存储 src 串。

调用此函数之后,第一个实参所指字符串的长度将等于两个实参所指字符串的长度之和。

【例 4-22】 字符串连接函数的使用方法。

```
#include <iostream.h>
#include <string.h>        //必须包含这个头文件
int main()
{
    char a[20] = "string";         //字符串长度为6
    char b[] = "catenation";       //字符串长度为10
    strcat(a," ");                 //连接一个空格到a串之后
    strcat(a,b);                   //把b串连接到a串之后
    cout << a << ' ' << strlen(a) << endl;
    return 0;
}
```

执行该程序段得到的输出结果为：
string catenation 17

4. 字符串比较

函数原型：int strcmp(const char *s1, const char *s2);

此函数带有两个字符指针参数，各自指向相应的字符串，函数的返回值为整型。

此函数的功能为：比较s1所指字符串的大小，若s1串大于s2串，则返回一个大于的值，在C++6.0中返回1；若s1串等于s2串，则返回值为0；若s1串小于s2串则返回一个小于0的值，在C++6.0中返回-1。

比较s1串和s2串的大小是一个循环的过程，需要从两个串的第一个字符起依次向后比较对应字符的ASCII码值，其ASCII码值大的字符串就大，其ASCII码值小的字符串就小，若两个字符串的长度相同，对应字符的ASCII码值也相同，则这两个字符串相等。整个比较过程可用下面的程序段描述出来。

【例4-23】 字符串比较函数的使用实例。

```
#include <iostream.h>
#include <string.h>//必须包含这个头文件
int main()
{
    char a[20] = "string";            //字符串长度为6
    char b[] = "catenation";          //字符串长度为10
    //转义字符\"表示"
    cout << "strcmp(a,\"1234\") = " << strcmp(a,"1234") << endl;
    cout << "strcmp(a,b) = " << strcmp(a,b) << endl;
```

```
cout << "strcmp(a,\"123\") = "<< strcmp(a,"123") << endl;
cout << "strcmp(\"A\",\"a\") = "<< strcmp("A","a") << endl;
cout << "strcmp(\"英文\",\"汉字\") = "<< strcmp("英文","汉字") << endl;
cout << a << ' '<< strlen(a) << endl;
return 0;
}
```

【例4-24】 编写一个函数实现字符串比较功能。
```
int compare(char s1[], char s2[])    //比较两个字符串的大小
{   //在这个程序段中使用的 s1[i]和 s2[i]分别为 s1 数组和 s2 数组中下标为 i
    //的元素,分别表示 s1 和 s2 所指字符串中的第 i+1 个字符
    int i;
    for (i=0; s1[i] && s2[i]; i++)
    {   //循环的正常结束要等到任一个字符串中的字符比较完
        if (s1[i] > s2[i])
            return 1;
        else if(s1[i] < s2[i])
            return -1;
        if(s1[i] ==0 && s2[i] ==0)
            return 0;   //等号右边的数值 0 可改为'\0'
    }
    if (s1[i]!=0)
        return 1;
    else
        return -1;
}
```

4.5.3 字符串应用举例

【例4-25】 编写一个程序,首先从键盘上输入一个字符串,接着输入一个字符,然后分别统计出字符串中的大于、等于、小于该字符的个数。

分析:设用于保存输入字符串的字符数组用 a[N]表示,用于保存一个输入字符的变量用 ch 表示,用于分三种情况进行统计的计数变量分别用 c1,c2 和 c3 表示。定义字符数组所使用的 N 为一个需事先定义的整型常量,它要大于输入的字符串的长度。

下面是此题的一个完整程序。
```
#include <iostream.h>
```

```cpp
    const int N = 30;      //假定输入的字符串的长度小于30
    void main ()
    {
        char a[N],ch;
        int c1, c2, c3;
        cout <<"输入一个字符串:";
        cin >> a;
        cout << "输入一个字符:";
        cin >> ch;
        int i = 0;
        while(a[i])
        {//统计
            if (a[i] > ch)    c1 ++;
            else if (a[i] == ch)    c2 ++;
            else c3 ++;
            i ++;
        }
        cout << " c1 ="<< c1 << endl;
        cout << " c2 ="<< c2 << endl;
        cout << " c3 ="<< c3 << endl;
    }
```

【例4-26】 编一程序,首先输入10个字符串到一个二维字符数组中,接着输入一个待查的字符串,然后从二维字符数组中查找统计出含有待查字符串的个数。

此程序比较简单,编写如下:

```cpp
# include <iostream.h>
# include <string.h>
void main ()
{
        const int N = 5;       //定义常变量
        char a[N][30] = {" "};
            // 用于存储10个字符串,假定每个串的长度小于30
        char s[30];        //存储待查的字符串
        int i, k = 0;
        cout << "输入" << N <<"个字符串:";
        for(i = 0;i < N;i ++)
```

```
            cin >> a[i];
        cout << "输入待查的字符串:";
        cin >> s;
        for (i = 0; i < N; i++)          //查找字符串 s
            if (strcmp (a[i],s) == 0)        k++;
        cout << "字符串个数:" << k << endl;
}
```

【例 4-27】 编一程序,首先输入 M 个字符串到一个二维字符数组中,并假定每个字符串的长度均小于 N。M 和 N 为事先定义的整型常量。接着对这 M 个字符串进行选择排序,最后输出排列结果。

分析:前面已经讲解了对简单类型的数据进行选择排序的方法和算法描述,在这里把它移植过来用于字符串排序即可。不过对字符串的比较和赋值必须使用字符串比较和拷贝函数来实现。

此题的完整程序如下:

```
#include <iostream.h>
# include <string.h>
const int M = 5, N = 30;          //定义常量 M 和 N
void SelectSort( char a[M][N])          //对字符串进行选择排序算法
{
        int i,j,k;
        for(i = 1;i < M;i++)
        {          //进行 M-1 次选择和交换
            k = i - 1;          //给 k 赋初值
            //选择出当前区间内的最小值 a[k]
            for(j = i;j < M;j++)
                if( strcmp(a[j],a[k]) < 0)
                    k = j;                    //进行字符串比较
            //定义字符数组 x 用于交换 a[i-1]和 a[k]的值
            char x[N];
            //利用字符串拷贝函数交换 a[i-1]与 a[k]的值
            strcpy(x,a[i-1]);
            strcpy(a[i-1],a[k]);
            strcpy(a[k],x);
        }
```

```cpp
void main()
{
    //定义二维字符数组 b 并初始化每个字符串为空串
    char b[M][N]={""};
    //从键盘输入 M 个字符串到字符串数组 b 中
    int i;
    cout<<"输入"<<M<<"个字符串:";
    for(i=0;i<M;i++)
        cin>>b[i];
    //调用字符串选择排序法算法对字符串数组 b 进行选择排序
    SelectSort(b);
    //依次输出字符串数组 b 中的每个字符串
    for(i=0;i<M;i++)
        cout<<b[i]<<endl;
}
```

【例4-28】 编一程序,首先定义二维字符数组 ax[M][N]和一维整型数组 bx[M],接着从键盘上依次输入 M 个人的姓名和成绩,每次输入的姓名和成绩分别存入到 ax[i][N]和 bx[i]中,其中 $0 \leq i \leq M-1$,然后调用选择排序算法按照成绩从高到低的次序排列 ax 和 bx 数组中的元素,最后按照成绩从高到低的次序输出每个人的姓名和成绩。

```cpp
#include <iomanip.h>
#include <string.h>
const int M=10,N=30;       //定义常量 M 和 N
void SelectSort(char a[M][N],int b[M])
//算法中对数组参数的操作就是对相应实参数组的操作
{
    int i,j,k;
    for(i=1;i<M;i++)
    {           //进行 M-1 次选择和交换
        k=i-1;           //给 k 赋初值
        //选择当前区间内的最大值 b[k]
        for(j=i;j<M;j++)
            if(b[j]>b[k])
                k=j;
        //交换 a[i-1]和 a[k],b[i-1]和 b[k]的值,使成绩和姓名同步被交换
```

```cpp
            char x[N]; int y;
            strcpy(x, a[i-1]);strcpy(a[i-1], a[k]);strcpy(a[k], x);
            y = b[i-1]; b[i-1] = b[k]; b[k] = y;
        }
}
void main()
{
        //定义 ax 和 bx 数组
        char ax[M][N];
        int bx[M];
        //从键盘输入 M 个人的姓名及成绩到数组 ax 和 bx 中
        int i;
        cout << "输入"<< M <<"个人的姓名和成绩:";
        for(i=0;i<M;i++)
            cin >> ax[i]>> bx[i];
        //调用选择排序算法对 ax 和 bx 数组按成绩进行选择排序
        SelectSort(ax,bx);
//此语句使以后的输出结果按在给定宽度内左对齐显示,默认情况是按右对齐显示
        cout.setf(ios::left);
        //按排序结果依次输出每个人的姓名和成绩
        for(i=0;i<M;i++)
            cout<< setw(30)<< ax[i] << setw(4)<< bx[i] << endl;
}
```

下面是程序的一次运行结果:
输入 10 个人的姓名和成绩:
wer 76 erty 93 asdf 54 wqert 80 dwerty 65
zxc 88 vcfdshjk 58 gfhj 42 sfr 74 jkzh 86

erty	93
zxc	88
jkzh	86
wqert	80
wer	76
sfr	74
dwerty	65
vcfdshjk	58

asdf   54
gfhj   42

小　　结

本章讨论了数组的概念,如何声明和初始化各种类型的数组:可以在声明数组的同时将其初始化(既可以将其全部元素初始化,也可以将其部分元素初始化),也可以声明后在程序中将其初始化。

数组的下标是从 0 开始的,以数组长度减 1 结束。数组下标不能越界,否则会产生错误。

数组能处理大量的数据,使用数组可以方便地进行计算、统计、搜索、排序等。数组不仅可以处理数值数据,也可以处理字符数据。

字符串存储在字符数组中,以空零('\0')作为结束标志。利用字符串函数可以对字符串进行各种操作。如求字符串的长度,字符串的复制,字符串的连接,字符串的比较,等等。

思考题四

4.1 指出下列每个函数的功能。

(1)
```cpp
void f1(int a[],int n)
{
    for(int i=0;i<n/2;i++) {
        int x=a[i];
        a[i]=a[n-i-1];
        a[n-i-1]=x;
    }
}
```

(2)
```cpp
void f2(int a[],int n)
{
    int i;double sum=0;
    for(i=0;i<n;i++) sum+=a[i];
    sum/=n;
    for(i=0;i<n;i++)
```

```
        if( a[i] >= sum ) cout << a[i] << ' ';
    cout<< endl;
}
```
(3)
```
void f3( char a[ ] )
{
    int i,c[5] = {0};
    for ( i = 0;a[i];i++ )
       switch(a[i])
         {
            case ',':c[0]++;break;
            case ';':c[1]++;break;
            case '(' :
            case ')' : c[2]++;break;
            case '[' :
            case ']':c[3]++;break;
            case '{' :
            case '}':c[4]++;break;
         }
    for(i = 0;i < 5;i++)    cout << c[i]<< ' ';
    cout << endl;
}
```
(4)
```
void f4( char a[M][N] )
{
int c1,c2,c3;
c1 = c2 = c3 = 0;
for( int i = 0;i < M;i++ )  {
    if( strlen( a[i] ) < 5)    c1 ++ ;
      else if( strlen( a[i] ) >= 5 && strlen( a[i]) < 15)    c2 ++ ;
   else c3 ++ ;
}
    cout << c1 << ' '<< c2 << ' '<< c3 << endl;
}
```

4.2 编写下列程序并上机运行

(1)有一个数列,它的第一项为0,第二项为1,以后每一项都是它的前两项之和。试产生出此数列的前20项,并按逆序显示出来。

(2)从键盘上输入一个字符串,假定该字符串的长度不超过30。试统计出该串中所有十进制数字字符的个数。

(3)首先从键盘输入一个4行4列的一个实数矩阵到一个二维数组中,然后求出其对角线上元素之乘积。

(4)已知一个数值矩阵为 $\begin{pmatrix} 3 & 8 & 2 & 9 \\ 4 & 7 & 3 & 6 \\ 5 & 2 & 8 & 4 \end{pmatrix}$。求出该矩阵的转置矩阵并输出,其中转置矩阵中的[i][j]位置上的元素等于原矩阵中的[j][i]位置上的元素。

(5)已知一个数值矩阵A为 $\begin{pmatrix} 3 & 0 & 4 & 5 \\ 6 & 2 & 1 & 7 \\ 4 & 1 & 5 & 8 \end{pmatrix}$,另一个矩阵B为 $\begin{pmatrix} 1 & 4 & 0 & 3 \\ 2 & 5 & 1 & 6 \\ 0 & 7 & 4 & 4 \\ 9 & 3 & 6 & 0 \end{pmatrix}$。求出A与B的乘积矩阵C[3][4]并输出,其中C中的每个元素C[i][j]等于 $\sum A[i][k] * B[k][j]$。

(6)首先让计算机随机产生出10个两位正整数,然后按照从小到大的次序显示出来。

(7)从键盘上输出一个字符串,假定字符串的长度小于80,试分别统计出每一种英文字符的个数。

(8)有n个数,已按从小到大的顺序排列好。要求输入一个数,把它插入到原有的数列中,而且仍保持有序,同时输出新数列。

(9)将螺旋方阵存放到维数为n的二维数组中,并把它们打印输出。要求由程序自动生成表T4-1所示的螺旋方阵。

表 T4-1

1	20	19	18	17	16
2	21	32	31	30	15
3	22	33	36	29	14
4	23	34	35	28	13
5	24	25	26	27	12
6	7	8	9	10	11

(10)将一个字符数组a中下标为单号的元素赋给另一个字符数组b,并将其转换成大写字母,然后输出字符数组a和b。

第五章 指 针

【学习目的和要求】

理解指针的概念,掌握指针变量的定义、初始化、指针运算符的使用方法;掌握一维数组与指针、二维数组与指针、字符串与指针以及函数与指针的关系。

C++通过指针变量展示它的强大功能。指针变量简称指针,是一种包含其他变量地址的变量,与 char,int float,double 等类型的变量不同,它是专门用来存放其他变量的地址,通过指针变量可以访问存储在内存中其他变量的值。正确运用指针存取数据可以提高程序的运行效力。

5.1 指针的概念

指针变量是存放其他变量的地址的变量,即某一变量内存单元的地址。但指针变量中存储的不是一般的数据,而是其他变量的地址。在C++中,所有数据类型都有相应类型的指针变量。如整型指针,字符型指针,浮点型指针,双精度型指针等。根据指针变量定义的位置,可以将指针变量声明为局部指针或全局指针。

每一种类型的数据在内存中占用固定字节数的存储单元,如 char 型数据(即字符)占用一个字节的存储单元,short int 型整数占用 2 个字节的存储单元,int 型整数占用 4 个字节的存储单元,double 型实数占用 8 个字节的存储单元。计算机系统为保存一个数据分配一个固定大小的存储空间。该空间的大小,即所含的字节数等于该数据所属类型的长度。一般称某一类型数据所占用内存空间的第一个内存单元的地址为指向该数据的指针。值得注意的是,该指针的类型必须与所指向的数据的类型相同,否则可能会产生错误。

在C++中,每个指针变量占用 4 个字节的存储空间,用来存储一个数据对象(或变量)的首地址。通过指针(变量) 访问它所指向的数据时,必须把指针定义为指向该数据类型的指针,因为不同类型的指针指向不同类型的数据对象。若把一个指针变量定义为指向 int 类型的指针,则当通过该指针存取它所指向的数据将是一个整数。若把一个指针变量定义为指向 double 类型的指针,则存取它所指向的数据将是一个双精度数。

5.2 指针变量

5.2.1 指针定义

1. 定义格式

<类型关键字> * <指针变量名> [= <指针表达式>];

如:"int *pi;"表示定义了 int 指针类型的变量 pi,该语句中,int 表示类型关键字,pi 为指针变量名,pi 前面的间接引用操作符 * 告诉 C++,该变量是一个指针变量,在 * 和指针变量名之间可以有空格,也可以没有空格,二者均可。

定义指针变量同定义普通变量一样,都需要给出类型名(即类型关键字) 和变量名,同时可以有选择地给出初值表达式,用于给指针变量赋初值。当然,初值表达式的类型应与赋初值号左边的被定义变量的类型相一致。如:

int a = 10, * pa = &a;

此语句定义了一个整型变量 a 和一个整型指针变量 pa,并将整型变量 a 的地址赋给指针变量 pa。即 pa 指向变量 a,可以通过 pa 存取 a 的值。如图 5-1 所示,变量 a 的值为 10,指针变量 pa 的值是变量 a 的地址 &a。

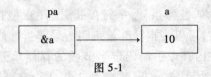

图 5-1

2. 指针变量定义举例

除了可以定义上面整型指针外,还可以定义其他类型的指针。如:

(1) char c = 'a', * pc = &c;

此语句定义了一个字符变量 c 并赋初值'a',以及另一个字符指针变量 pc,并将字符变量 c 的地址赋给指针变量 pc。即 pc 指向变量 c,可以通过 pc 存取 c 的值。如图 5-2 所示。

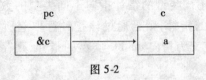

图 5-2

(2) char * ph1 = "abc", * ph2 = ph1;

此语句定义了一个字符类型指针变量 ph1,ph2,定义时将字符串 abc 赋给 ph1,即 ph1 指向常量字符串 abc 所在存储空间的首地址;指针变量 ph2 被初始化为 ph1,即 ph2 也指向常量字符串 abc。如图 5-3 所示。

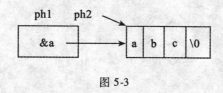

图 5-3

(3) int c = 10, * pc = &c; void * p1 = 0, * p2 = pc;

这两条语句中,第一条语句定义一个整型变量 c 并赋初值 10,定义一个指针 pc,它指向变量 c。第二条语句定义了两个空类型的指针变量 p1 和 p2,给 p1 赋初值 0(即空指针 NULL),对 p2 赋初值 pc,即 p2 和 pc 都指向整型变量 c。

指针在使用前必须初始化。指针应在声明或在赋值语句中初始化。指针可以初始化为 0,NULL 或一个地址。数值 0 或 NULL 的指针不指向任何内容。

在 C++ 中,指针类型也是一种数据类型。指针类型关键字也可以理解为一般数据类型关键字后加星号(*)所组成,如 int * 为 int 指针类型关键字。void 是一个特殊类型的关键字,它只能用来定义指针变量,表示该指针变量无类型,或者说只指向一个存储单元,不指向任何具体的数据类型。

5.2.2 指针运算符(& 和 *)

指针有两个重要运算符:一个是 &,另一个是 *。

& 运算符为取地址运算符,&a 表示取变量 a 的地址。注意 & 与指针一起运用时,即为取地址运算符。

* 运算符是间接引用操作符,产生指针所指向的数据。如:

float a = 20, * pa = &a;

cout << a << "   " << * pa << endl;

第一条语句表示定义了一个 float 类型的变量 a,并赋初值 20,还定义了一个 float 型的指针 pa,并将变量 a 的地址赋给 pa。在第二条输出语句中,* pa 表示指针 pa 所指的数据对象,即变量 a,实际上是对变量 a 的间接引用,所以该语句的输出的结果是:
20   20

假定 x 是一个变量,则 * &x 的结果仍为 x。这是因为,按照 * 和 & 的运算规则,它们属于同一级运算,并且其结合性是从右向左,所以先进行 & 运算,取出 x 的地址,再进行 * 运算,访问该地址所指定的对象 x,因此整个运算结果仍为 x。同样,若 p 是一个指针对象,则 & * p 的值仍为 p 的值,因为应先进行 * 运算,得到 p 所指的对象,接着进行 & 运算,得到该对象的地址,该地址就是 p 的值。例如:

【例5-1】 理解运算符 & 和 *。
```
#include <iostream.h>
int main()
{
        double x = 100, * px = &x;
        cout << x << "    " << * &x << endl;
        cout << px << "    " << & * px << endl;
        return 0;
}
```

程序运行结果：
100   100
0x0012FF5C   0x0012FF5C

此结果说明：* &x 的运行结果是 x，& * px 的运算结果就是 px。
在变量定义语句中，一个变量前面有星号（*），表示该变量为指针变量。在引用指针运算的语句中，指针变量前面的星号（*）是一个间接引用运算符，表示该指针变量指向的数据对象。

指针变量与普通变量定义的不同之处：在指针变量名前加上星号（*）字符，表示后跟的为指针变量，而不是普通变量。

5.2.3 引用变量

引用是给数据对象或变量取一个别名，即建立一个数据对象或变量的同义词。定义引用变量的格式：

<类型关键字> & <引用变量名> = <已定义的同类型变量>；
例如：
```
int i;          //定义一个整型变量i
int &j = i;     //定义一个整型引用j，j是变量i的别名
i = 5;          //i,j的值均为5
j = i + 1;      //i,j的值均为6
```
引用是引入了一个数据对象或变量的同义词，i 和 j 是同义词，它们表示同一数据对象。因此在上文中，将 5 赋给变量 i 后，i 和 j 的值均为 5，接着将 i + 1 的值赋给 j 后，i 和 j 的值均为 6，说明 i 表示同一个数据对象。特别值得注意的是：定义引用时必须马上对它进行初始化，不能定义后再赋值。下列定义是错误的：
```
int i;      //定义一个整型变量i
int &j;     //定义一个整型引用j，但没有马上对它进行初始化，因此将产生错误
j = i;
```

引用同指针一样,不是一种单独的数据类型,它们必须同其他类型组合使用。如 int & 为 int 类型引用,该类型的变量是对它进行初始化的一个对象的别名,它共享(或称引用)初始化对象所具有的存储空间。

例如:
double x = 10;   //定义了双精度实型变量 x 并被赋值为 10
//定义双精度类型引用变量 y 并初始化为 x,这样 y 就成为 x 的别名
double &y = x;
cout << x << ' ' << y << endl;   //依次输出 x,y 的值
cout << &x <<' ' << &y << endl;   //依次输出 x,y 的地址。

程序的运行结果为:
10 10
0x0066FDF0 0x0066FDF0

从运行结果可以看出,y 和 x 占用同一存储空间,即系统为 x 分配的存储空间,显示出的 x 和 y 的值相同,即为共用的存储空间中保存的双精度数 10。

定义引用变量所使用的符号标记与取对象地址运算符相同,即为 &,读者可根据它所出现的场合判明它的用途:当出现在变量定义语句(或函数参数表)中一个被定义的变量之前时,表示该变量为引用;当出现在其他任何地方时,表示为取地址运算符。

由于引用变量是使用它所引用的对象的存储空间,所以对它赋值等价于对它所引用的对象赋值,反之亦然。如:
char h = 'a', &r = h;
cout << h << ' ' << r << endl;
r = 'b';
cout << h << ' ' << r << endl;

程序运行结果为:
a a
b b

任何一种数据类型同 & 结合都可以构成引用类型,从而定义引用变量。下面给出定义指针引用变量的例子。

【例 5-2】 指针引用变量使用举例。
#include < iostream. h >
int main()

```cpp
{
    int a[5] = {10,20,30,40,50};
    int *p = a;
    int *&r = p;    //int *为引用类型,r 是 p 的引用,p 和 r 均指向 a[0]元素
    cout << &p << " " << &r << endl;    //输出 p,r 存储空间的地址
    //p 和 r 的值为 a[0]的地址
    cout << p << " " << r << " " << &a[0] << endl;
    cout << *p << " " << *r << endl;    //*p 和 *r 表示对象 a[0]
    p++;    //p,r 同时指向 a[1]
    r++;    //p,r 同时指向 a[2]
    cout << &p << " " << &r << endl;    //输出 p,r 存储空间的地址
    //p 和 r 的值为 a[2]的地址
    cout << p << " " << r << " " << &a[2] << endl;
    cout << *p << " " << *r << endl;    //*p 和 *r 表示对象 a[2]
    return 0;
}
```

运行结果如下:
0x0012FF68   0x0012FF68
0x0012FF6C   0x0012FF6C   0x0012FF6C
10   10
0x0012FF68   0x0012FF68
0x0012FF74   0x0012FF74   0x0012FF74
30   30

引用类型主要使用在对函数形参的说明中,使该形参成为传送给它的实参对象的别名。

5.2.4 多级指针与指针数组

1. 多级指针

如果一个指针变量的值是一个同类型变量的地址,则称该指针为一级指针。如果一个指针变量的值是一个一级指针变量的地址,则称该指针为二级指针。依此类推,可以定义多级指针变量。

int n = 20, *pn = &n, **pp = &pn;

此语句定义了一个整型变量 n,并赋初值 20,定义指针 pn 指向整型变量 n,而后

又定义二级指针变量 pp 指向指针 pn。其关系如图 5-4 所示。

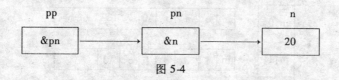

图 5-4

指针 pn 的值是整型变量 n 的地址,称为一级指针。而指针 pp 的值是一级指针 pn 的地址,称 pp 为二级指针。在指针的定义语句中,如果指针变量前面只有一个星号(*),那么该指针为一级指针,如果指针变量前面有两个星号(**),那么该指针为二级指针。依此类推,可以定义多级指针。

2. 指针数组

如果一个数组的每一个元素都是指针,则称该数组为指针数组。如:
double *pd[5], *qd = pd[0];

像定义普通数组一样,可以定义指针数组,在指针数组中的每一个元素都是指针变量,通过数组名和下标来操作指针数组中每一个元素。在此语句中定义了一个 double 类型的指针数组 pd,它包含 5 个指针变量 pd[0],pd[1],pd[2],pd[3],pd[4],如图 5-5 所示。qd 是一个 double 类型的指针变量,并赋初值 pd[0]。指针之间赋值要求类型相同,如 qd = pd[0] 是正确的,指针 qd,pd[0] 都是双精度型的指针。

指针 qd 指向指针 pd[0],所以指针 qd 是一个二级指针。

定义指针数组时要求对指针进行初始化,使指针指向某一数组对象或为空指针。如:

int *pi[10] = {0};

此语句定义一个指向整型数据的指针数组 pi。该数组中的每一个元素都是 int *型变量,各自用来保存一个整数存储空间的地址。该语句对 pi 数组进行了初始化,使每个元素的值为 0,即空指针 NULL。

char *pr[3] = {"rear","middle","front"};

此语句定义了一个字符指针数组 pr,它的每一个元素都是字符指针变量,并且分别被初始化为相应字符串常量的地址,如图 5-6 所示。

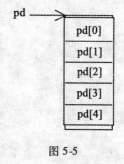

图 5-5

pr[0]指向 rear 字符串,pr[1]指向 middle 字符串,pr[2]指向 front 字符串。pr[0],pr[1],pr[2]的值分别为对应字符串第一个字符的存储地址。

【例 5-3】 通过指针数组操作字符串举例。编写程序,要求定义一个指向字符的指针数组,使其指向一组常量字符串,使用字符指针输出这组常量字符串。对这组常量字符串进行排序,输出排序后的常量字符串。

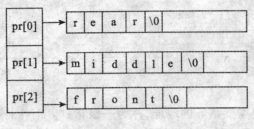

图 5-6

```
#include <iostream.h>
#include <string.h>
main()
{
    const int N = 3;
    char *pr[N] = {"rear","middle","front"};//定义一个指针数组并赋初值
    for(int i = 0;i < N;i++)        //使用指针输出字符串
        cout << pr[i]<<"  ";
    cout << endl;
    char *temp = 0;
    for(i = 0;i < N - 1;i++)        //使用指针将字符串序列排序
    {
        for(int j = 0;j < N - 1 - i;j++)
            if(strcmp(pr[j],pr[j+1])>=0)   //交换指向字符串的指针
            {
                temp = pr[j];
                pr[j] = pr[j+1];
                pr[j+1] = temp;
            }
    }
    for(i = 0;i < N;i++)            //输出排序后的字符串
        cout << pr[i] <<"  ";
    cout << endl;
    return 0;
}
```

5.2.5 指针与常量限定符

(1)在变量定义语句的前面加上 const 保留字,将使所定义的普通变量为常量,即除了在定义时赋初值外,其后只允许读取它的值而禁止对它进行修改。若将 const 加在指针变量定义的前面,则使所定义的指针变量为常量指针,即指向常量的指针。**对它所指向的对象只能被读取,而不允许被修改,这个指针变量的值可以被修改。**如:

const int a[3] = { -1,0,1};

此语句定义 a[3]为整型常量数组,其三个元素依次被初始化为 -1,0 和 1。此数组被初始化后不允许被修改,而只能够从中读取每个元素的值。又如:

int n = 20, m = 30;
const int *p = &n;
*p = 30;   //错误,不能通过常量指针修改它所指向对象的值
n = 30;   //正确,变量 n 可以被修改
p = &m;   //指针值可以被修改

"const int *p = &n;"语句定义了一个整型变量指针 p,并被初始化为整数变量 n 的地址,使 p 指向 n。由于 p 是一个常量指针,所以不允许修改 p 所指向的对象 n,但允许修改 p 的值,使之指向另一个对象 m,即第三条语句使常量指针 p 指向了另一个整数对象 m。

(2)若把 const 保留字放在变量定义语句中的星号(*)与变量名之间,则定义的指针变量为一个指针常量,即不允许修改该指针变量的值。如:

char *const pc = "const";
pc = "variable";   //错误,不能修改常量指针的值

"char * const pc = "const";"定义 pc 为一个字符型指针常量,它指向字符串"const",以后不允许修改 pc 的值,使它指向其他存储位置。"pc = "variable";"语句是非法的,因为它试图修改指针常量 pc 的值。

这里顺便指出,一个字符串常量是被存储在内存中常量数据区内。无论把它的地址赋给任何字符指针变量,都不允许通过这个指针修改所指向的字符串常量。

(3)如果将上述两种情况结合在一起,可以定义一个指向常量的指针常量,它必须在定义时初始化。如:

const int i = 5;   //定义常变量 i
int a = 3;
//定义一个指向常量的指针常量 pi,并将常变量 i 地址赋给 pi
const int * const pi = &i;
*pi = 20;   //错误,不能修改所指向的对象
const int * const pa = &a;//定义一个指向常量的指针常量 pa,并将变量 a 地址

赋给 pa

```
*pa = 30;        //错误
a = 30;          //正确
pa = &i;         //错误,不能修改指针值
```

如果初始化值是变量的地址,那么不能通过该指针修改该变量的值。如上例中,"*pa=30;"是错误的,但"a=30;"是合法的。

5.3 指针与数组

5.3.1 指针与一维数组

1. 用指针操作一维数组

在C++中,数组名代表数组中第一个元素(即序号为0的元素)的地址。因此,对一个含有n个元素的数组a,第一个元素的地址是a,第二个元素的地址是a+1……第n个元素的地址是a+n-1。例如:

```
int a[10],*p;    //定义了一个整型数组a,一个指针变量p
p = a;           //指针p指向数组a,p的值为数组a的首地址,即a[0]的地址
```

这样可以通过指针p引用数组元素。

```
*p = 1;          //对p当前所指向的数组元素a[0]赋数值1
*(p+i) = 2;      //表示将指针p+i所指元素a[i]赋数值2
```

注意:如果指针变量p已指向数组中的一个元素,则p+1指向同一数组中的下一个元素。

如果p的初值为&a[0],则:

(1) p+i和a+i就是a[i]的地址,或者说,它们指向a数组的第i+1个元素,见图5-7。

(2) *(p+i)或*(a+i)是p+i或a+i所指向的数组元素,即a[i]。

对a[i]的求解过程是:先按a+i×d计算数组元素的地址,然后找出此地址所指向的单元中的值。其中d为数组元素所属类型在内存中占用存储空间的长度。如整型数据为4字节,字符型数据为1字节等。

(3) 指向数组元素的指针变量也可以带下标,如p[i]与*(p+i)等价。

【例5-4】 输出数组中的全部元素。

假设有一个整型数组a,有10个元素。要输出各元素的值有如下种方法:

(1) 下标与指针法。

```
#include <iostream.h>
int main()
```

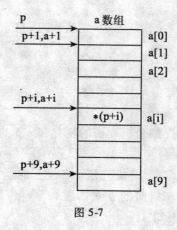

图 5-7

```
{
    int a[10];
    int i;
    for(i = 0;i < 10;i ++)
        cin >> a[i];              //引用数组元素 a[i]
    cout << endl;
    for(i = 0;i < 10;i ++)
        cout << *(a + i) <<" ";   //通过指针引用数组元素 a[i]
    cout << endl;
    return 0;
}
```

运行结果如下：
9 8 7 6 5 4 3 2 1 0↙   （输入 10 个元素的值）
9 8 7 6 5 4 3 2 1 0   （输出 10 个元素的值）

(2) 用指针变量指向数组元素。
```
#include <iostream.h>
int main()
{
    int a[10];
    int i, *p = a;            //指针变量 p 指向数组 a 的首元素 a[0]
    for(i = 0;i < 10;i ++)
        cin >> *(p + i);      //输入 a[0]～a[9]共 10 个元素
```

```
    for(p=a;p<(a+10);p++)
        cout<<*p<<" ";           //p先后指向 a[0]~a[9]
    cout<<endl;
    return 0;
}
```

运行情况与前相同。请仔细分析 p 值的变化和 *p 的值。

注意：

(1) *p++。由于++和*同优先级,结合方向为自右而左,因此它等价于 *(p++)。作用是：先得到 p 指向的变量的值（即 *p）,然后再使 p 的值加 1。例 5-4(2)程序中最后一个 for 语句：

for(p=a;p<a+10;p++)

cout<<*p;

可以改写为：

for(p=a;p<a+10;)

cout<<*p++;

(2) *(p++)与*(++p)作用不同。前者是先取 *p 值,然后使 p 加 1。后者是先使 p 加 1,再取 *p。若 p 的初值为 a(即 &a[0]),输出 *(p++)得到 a[0]的值,而输出 *(++p)则得到 a[1]的值。

(3) (*p)++表示 p 所指向的元素值加 1,即(a[0])++。如果 a[0]=3,则(a[0])++的值为 4。注意：是元素值加 1,而不是指针值加 1。

(4) 如果 p 当前指向 a[i],则：

*(p--)   先对 p 进行 * 运算,得到 a[i],再使 p 减 1,p 指向 a[i-1]。

*(++p)   先使 p 自加 1,再进行 * 运算,得到 a[i+1]。

*(--p)   先使 p 自减 1,再进行 * 运算,得到 a[i-1]。

将++和--运算符用于指向数组元素的指针变量十分有效,可以使指针变量自动向前或向后移动,指向下一个或上一个数组元素。例如,想输出 a 数组 100 个元素,可以用以下语句：

p=a;   p=a;
while(p<a+100)   或   while(p<a+100)
    cout<<*p++;   {cout<<*p;p++;}

由于数组名是指针常量,其值不能被改变(也不应该被改变,若改变了就无法再找到该数组),所以不能够对数组名施加增 1 或减 1 运算。但若用一个指针变量指向一个数组,则可改变这个指针变量的值,从而使它指向数组中任何一个元素。据此可将上述程序段改写如下：

int a[10],i,s=0;

```
int *p = a;       //p 指向数组 a 的第一个元素 a[0]
for(i=0;i<10;i++)    cin>>*p++;
p = a;            //使 p 重新指向数组 a 的开始位置
for(i=0;i<10;i++)  {
    s += *p;
    cout << *p++<<' ';
}
cout << endl << s << endl;
```

使用指针变量指向数组后,同样有下标和指针两种访问数组元素的方式。若把上述程序段改写为下标访问方式则为:

```
#include <iostream.h>
int main()
{
    int a[10],i,s=0;
    //p 指向数组 a 的元素 a[0],以后使用数组名 a 的地方都可以用 p 来替代
    int *p = a;
    for(i=0;i<10;i++)
        cin >> p[i];      //通过下标访问数组元素
    for(i=0;i<10;i++)
    {
        s += p[i];        //累加数组元素
        cout << p[i] <<' ';  //输出数组元素
    }
    cout << endl << s << endl;  //输出累加和
    return 0;
}
```

2. 指针作为函数的参数

指针作为函数的参数,接收数组的地址,可以用来传递大量的数据。

【例 5-5】 编写程序,要求:

(1)编写一个函数从键盘输入 N 个学生某门功课的成绩;

(2)编写函数求该门功课 N 个学生的平均成绩并输出;

(3)编写函数对 N 个学生的成绩进行降序排序;

(4)编写函数输出该门功课 N 个学生的成绩。

```
#include <iostream.h>
#include <iomanip.h>
```

```cpp
int main( )
{
    const int N = 4;
    void input_score( int * score, int n );
    double average_score( int score[ ], int n );
    void print_score( int score[ ], int n );
    void sort_score( int * score, int n );
    int scores[N];
    int * pscores = scores;        //定义指针 pscores 指向数组 scores
    cout << " Input " << N << " scores: ";
    input_score( pscores, N );     //形参 score 为指针,实参 pscores 亦为指针
    double aver_score;
    //形参 score 为数组,实参 scores 为数组
    aver_score = average_score( scores, N );
    cout << " average scores is: " << aver_score << endl;
    sort_score( scores, N );       //形参为指针,实参为数组
    cout << " Output " << N << " scores:" << endl;
    print_score( pscores, N );     //形参为数组,实参为指针
    return 0;
}
void input_score( int * score, int n )
{   //输入学生的成绩
    for( int i = 0; i < n; i++ )
        cin >> *( score + i );
}
double average_score( int score[ ], int n )
{   //求学生的平均成绩
    double total = 0;
    for( int i = 0; i < n; i++ )
        total += score[i];
    return( total/n );
}
void print_score( int score[ ], int n )
{   //输出学生的成绩
    for( int i = 0; i < n; i++ )
    {
```

```cpp
            cout << setw(5) << score[i];    //每个数据占5个字节宽
            if((i+1)%5==0)      //一行输出5个数据
                cout << endl;
        }
        cout << endl;
    }
    void sort_score(int * score, int n)
    {   //对学生成绩进行降序排序,采用选择排序算法
        int k,temp;
        for(int i=0; i<n-1;i++)
        {
            k=i;
            //第i+1个元素到第n个元素之间最大值的下标
            for(int j=i+1; j<n; j++)
                if( *(score+k) < *(score+j))
                    k=j;
            if(k!=i)       //将求出的最大值与第i+1个元素交换
            {
                temp = *(score+k);
                *(score+k) = *(score+i);
                *(score+i) = temp;
            }
        }
    }
```

从上面的实例可以看出,数组和指针都可以作为函数的参数使用,它们之间的关系可以用表5-1来描述。

表5-1

序号	实际参数	形式参数
1	指针	指针
2	指针	数组
3	数组	数组
4	数组	指针

函数 void input_score(int * score,int n)中形参 score 是指针,在主函数调用语句

input_score(pscores,N)中,实参 pscores 是指针;函数 double average_score(int score[ ], int n)中形参 score 是数组,其调用语句 aver_score = average_score(scores,N)中,实参 scores 是数组;函数 void print_score(int score[ ], int n)中,形参 score 是数组,其调用语句 print_score(pscores,N)中,实参 pscores 是指针;函数 void sort_score(int * score, int n)中形参是指针,其调用语句 sort_score(scores,N)中,实参 scores 是数组。

5.3.2 指针与二维数组

如果一个一维数组的每一个元素仍是一个一维数组,那么该一维数组就是一个二维数组。一般情况下,一个二维数组可以表示如下:

const int M = 10,N = 20;
int a[M][N];

该数组的第一行可以看成一个一维数组,数组名为 a[0],有 a[0][0],a[0][1],…,a[0][N-1]N 个元素。类似地,第二行也可以看成一个一维数组,数组名为 a[1],有 a[1][0],a[1][1],…,a[1][N-1]N 个元素……第 M 行也可以看成一个一维数组,数组名为 a[M-1],也有 a[M-1][0],a[M-1][1],…,a[M-1][N-1]N 个元素。而 a[0],a[1],…,a[M-1]构成一个一维数组,数组名为 a。根据数组名的含义,a[0],a[1],…,a[M-1]分别表示二维数组第一行、第二行……第 M-1 行的首地址,是一级地址。这里数组名 a 是地址的地址,它表示二级地址。如图 5-8 所示。

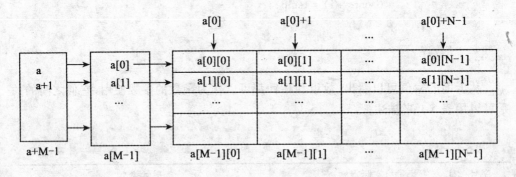

图 5-8

因为一个数组的数组名就是指向该数组第一个元素的指针,所以 a[i]就是指向二维数组 a 中行下标为 i 的元素类型为 int 的一维数组的指针,即 a[i]的值为 a[i][0]元素的地址,类型为 int *。同理,二维数组名 a 是指向第一个元素 a[0]的指针,由于 a[0]表示具有 N 个 int 型元素的一维数组,即 a[0]的类型为 int[N],所以 a 的值为具有 int(*)[N]类型的指针。

一般称具有 int（*）[N]（N 为整常量）类型的指针为指向具有 N 个 int 型元素数组的指针。如：
　　const int N = 10; int（*p）[N];
表示定义了一个指向具有 N 个 int 型元素的一维数组的指针 p，它是一个二级指针。
　　由于二维数组名 a 的值为 int(*)[N]类型，该值增 1 就使指针后移 4×N 个字节，所以 a+i 指向数组 a 的行下标为 i 的一维数组的开始位置，即 a[i][0]元素的位置。
　　对二维数组 a 中的一维元素 a[i]，其指针访问方式为 *（a+i），所以二维数组 a[M][N]中任一元素 a[i][j]可以等价表示为：
　　（*（a+i））[j]　或　*（*（a+i）+j）　或　*（a[i]+j）　或　*（a[0]+i*N+j）
　　上式中所加的圆括号确保间接访问操作优先于下标运算符，按照 C++运算规则，下标运算优先于间接访问运算。
　　二维数组 a[M][N]中任一元素 a[i][j]的地址可以等价表示为：
　　*（a+i）+j　或　a[0]+i*N+j　或　a[i]+j　或　&a[i][j]
　　在二维数组 a[M][N]中，a，a[0]和&a[0][0]的地址值都相同，但类型不同，a 的值为 int(*)[N]类型，而 a[0]和&a[0][0]的值均为 int *类型。a+1 则比 a 增加 4×N 个字节，而 a[0]+1（或&a[0][0]+1）则比 a[0]（或&a[0][0]）只增加 4 个字节。
　　若把一个指针定义为指向具有 N 个元素的一维数组的类型，并用一个具有列数为 N 的二维数组的数组名进行初始化，则该指针就指向了这个二维数组。通过指向二维数组的指针，同样可以访问该二维数组元素。例如：
　　【例 5-6】　运用指针输出二维数组。编写程序要求实现下列功能：
　　（1）利用指向数组的指针输出二维数组，一种采用下标形式，另一种采用指针形式；
　　（2）编写函数输出二维数组，要求参数使用指向数组的指针，并指明行和列；
　　（3）编写函数输出二维数组，要求参数使用一级指针，并指明行和列。
```
#include <iostream.h>
#include <iomanip.h>
int main()
{
    void printarray(int (*p)[4], int m, int n);
    void printarray1(int *p, int m, int n);
    int a[3][4] = {{2,4,6,8},{3,6,9,12},{4,8,12,16}};
    int (*p)[4] = a;//p 与 a 的值具有相同的指针类型，均为 int(*)[4]类型
    int i, j;
```

```cpp
    for(i=0; i<3; i++)
    {
        for(j=0; j<4; j++)    //采用下标的方式访问p所指向的二维数组
            cout << setw(5) << p[i][j];    //p可以改为a
        cout << endl;
    }
    for(i=0; i<3; i++)
    {
        for(j=0; j<4; j++)        //采用指针方式访问p所指向的二维数组
            cout << setw(5) << *(*(p+i)+j);    //p可以改为a
        cout << endl;
    }
    printarray(a,3,4);        //通过二维数组名a,访问二维数组元素
    printarray1(a[0],3,4);    //通过二维数组首地址a[0],访问二维数组元素
    return 0;
}
void printarray(int (*p)[4], int m, int n)
{   //使用二级指针p访问具有m行、n列的二维数组
    int i,j;
    for(i=0; i<m; i++)
    {
        for(j=0; j<n; j++)        //采用指针方式访问p所指向的二维数组
            cout << setw(5) << *(p[i]+j);    //p可以改为a
        cout << endl;
    }
}
void printarray1(int *p, int m, int n)
{   //使用一级指针p访问具有m行、n列的二维数组
    int i,j;
    for(i=0; i<m; i++)
    {
        for(j=0; j<n; j++)        //采用指针方式访问p所指向的二维数组
            cout << setw(5) << *(p+i*n+j);
        cout << endl;
    }
}
```

对二维数组的操作除了在主调函数中直接使用下标或指针操作外,还可以通过指针参数将二维数组传给函数,在被调用函数中操作数组。

定义函数 void printarray(int (*p)[4], int m, int n)用来输出二维数组,函数中的第一个参数是一个指向含有4个整型元素的数组的指针,它是一个二级指针,在主调函数中调用该函数时,对应的实参也应该是一个二级指针或二维数组名。参数 m 和 n 分别表示二维数组的行数和列数。

定义函数 void printarray1(int *p, int m, int n)用来输出二维数组,函数中的第一个参数是一个指向整型数据的指针,它是一个一级指针。在主调函数中调用该函数时,对应的实参也应该是一个一级指针或一维数组名。参数 m 和 n 分别表示二维数组的行数和列数。

5.3.3 指针与字符数组

1. 指针与字符串的关系

对一个存储字符串的字符数组,其数组名就是指向其字符串的指针,因为它的值为字符串中第一个字符的存储地址。

(1)定义字符数组时,可以给字符数组赋初值。如:

char ch[30] = "character array";

但是下例语句是错误的:

char ch1[30];

ch1 = "character array";   //正确的是:strcpy(ch1,"character array");因为
                                C++不能对字符数组进行整体赋值

(2)定义字符指针指向字符串常量。如:

```
#include  <iostream.h>
#include  <string.h>
int main()
{
        char ch2[30], *pch2;
        pch2 = ch2;      //pch2 指向字符数组 ch2
        strcpy(ch2,"Hello,world!");      //给字符数组 ch2 赋值
        cout << ch2 << " " << pch2 << endl;
        pch2 = "I love my country!";     //pch2 指向另一字符串常量
        cout << ch2 << " " << pch2 << endl;
        return 0;
}
```

运行结果是：
Hello,world!   Hello,world!
Hello,world!   I love my country!

(3) 指向一个字符串中任一字符位置的指针都是一个指向字符串的指针,该字符串从所指位置开始到末尾空字符为止,它是整个字符串的一个子串。例如：

【例5-7】 字符指针数组的操作。

```
#include <iostream.h>
int main()
{
    char slp[] = "StringPointer";
    char *sp = slp;         //sl 的值为 char* 类型
    cout << sp << endl;
    cout << slp + 6 << endl;
    char s2[10];
    for(int i = 0; i < 6; i++)//将字符串(StringPointer)中"String"存储到s2中
        s2[i] = sp[i];
    s2[i] = 0;              //空零
    cout << s2 << ' ' << &slp[6] << endl;    //&slp[6]等于sl+6
    return 0;
}
```

程序运行结果为：
StringPointer
Pointer
String Pointer

对每个字符串常量,从任一字符开始也都是一个字符串,它是整个字符串的一个尾部子串。如例 5-7 中,sp 是指向字符数组 slp 的指针,通过 sp 可以输出存储在字符数组 slp 中字符串(StringPointer)。slp+6 同 &slp[6]一样,都是指向字符串(StringPointer)中字符"P"的指针,因此通过 slp+6 或 &slp[6]输出从字符"P"开始到'\0'的所有字符,即字符串"Pointer"。

2. 指向字符串的指针可以作为函数的参数,也可以作为函数的返回值

在第四章中讲过连接两个字符串的函数 strcat,其原型定义如下：
char *strcat(char *str1, char *str2)

即将第二个字符串 str2 连接到第一个字符串 str1 的后面,实现如下:
char * strcat(char * str1,char * str2)
{
    int i = 0,j = 0;
    while(*(str1 + i))   //找到第一个字符串的尾部
        i + + ;
    while(*(str2 + j))   //直至空 0 为止
    {   //将第二个字符串 str2 连接到第一个字符串 str1 的尾部
        *(str1 + i) = *(str2 + j);
        i + + ; j + + ;
    }
    *(str1 + i) = 0;   //加上空 0
    return str1;
}

在这个函数中形参 str1 和 str2 都是指向字符的指针,该函数的返回值也是指向字符的指针。

5.3.4 指针与函数

函数指针包含函数在内存中的地址。第四章介绍的数组名实际上是数组中第一个元素的内存地址。同样,函数名实际上是执行函数任务的代码在内存中的开始地址。函数指针可以传入函数、从函数返回、存放在数组中或赋给其他的函数指针。

函数指针的定义形式:

<类型标识符>   <(*函数名)> <(形参表)>

int (*compare)(int x, int y);

此语句定义了一个指向返回类型为整型、具有两个整型参数的函数指针 compare。

如何使用函数指针,可以通过设计冒泡排序程序来说明。冒泡排序程序包括 main()主函数、bubble 函数、swap 函数、ascending 函数和 descending 函数。bubble 接收指向函数 ascending 或 descending 的函数指针参数以及一个整型数组和数组长度。程序提示用户选择按升序或降序排序。如果用户输入 1,则向函数 bubble 传递 ascending 函数的指针,使数组按升序排列。如果用户输入 2,则向函数 bubble 传递 descending 函数的指针,使数组按降序排列。

【例 5-8】 使用函数指针的多用途排序程序。

#include <iostream.h>
#include <iomanip.h>

```cpp
void bubble(int work[], const int size, int (*compare)(int, int));
int ascending(int a, int b);
int descending(int a, int b);
int main()
{
    const int arraySize = 10;
    int order, counter,
        a[arraySize] = {2, 6, 4, 8, 10, 12, 89, 68, 45, 37};
    cout << "Enter 1 to sort in ascending order,\n"
         << "Enter 2 to sort in descending order: ";
    cin >> order;
    cout << "\nData items in original order\n";
    for(counter = 0; counter < arraySize; counter ++)
        cout << setw(4) << a[counter];
    if(order == 1)
    {   //升序排序
        bubble(a, arraySize, ascending);
        cout << "\nData items in ascending order\n";
    }
    else
    {   //降序排序
        bubble(a, arraySize, descending);
        cout << "\nData items in descending order\n";
    }
    //输出排序结果
    for (counter = 0; counter < arraySize; counter ++)
        cout << setw(4) << a[counter];
    cout << endl;
    return 0;
}
void bubble(int work[], const int size, int (*compare)(int, int))
{   //冒泡排序算法
    void swap(int *element1Ptr, int *element2Ptr);
    for(int pass = 1; pass < size; pass ++)
        for(int count = 0; count < size - 1; count ++)
            if ((*compare)(work[count], work[count + 1]))
```

```
                swap(&work[count], &work[count+1]);
}
void swap(int *element1Ptr, int *element2Ptr)
{    //通过指针交换两个变量的值
    int temp;
    temp = *element1Ptr;
    *element1Ptr = *element2Ptr;
    *element2Ptr = temp;
}
int ascending(int a, int b)
{
    return b < a;    // swap if b is less than a
}
int descending(int a, int b)
{
    return b > a;    // swap if b is greater than a
}
```

bubble 函数的首部中出现下列参数：

`int (*compare)(int,int)`

告诉 bubble 函数该参数为一个函数指针，这个函数接收两个整型参数和返回一个整型值。

*compare 要用括号括起来，因为 * 的优先级低于函数参数圆括号的优先级。如果不用圆括号，则声明变成：

`int *compare(int,int)`

声明函数接收两个整型参数并返回一个整型值的指针。

bubble 函数原型中的对应参数如下所示：

`int (*)(int,int)`

注意这里只包括类型，程序员可以加上名称，但参数名只用于程序中的说明，编译器将其忽略。

if 语句中调用传入 bubble 的函数，如下所示：

`if((*compare)(work[count], work[count+1]))`

就像间接引用变量指针可以访问变量值一样，间接引用函数指针可以执行这个函数。

可以直接使用指针作为函数名，如下所示：

`if(compare(work[count], work[count+1]))`

相比较而言，第一种通过指针调用函数的方法更直观，因为它显示说明 compare 是函数指针，通过间接引用指针而调用这个函数。第二种通过指针调用函数的方法使 compare 好像是个实际函数，程序用户可能被搞糊涂，想看看 compare 函数的定义却怎么也找不到。

函数指针的另一个用法是建立菜单驱动系统，提示用户从菜单选择一个选项（例如从 1 到 5）。每个选项由不同函数提供不同服务，每个函数的指针存放在函数指针数组中。用户选项作为数组下标，数组中的指针用于调用这个函数。

程序提供了声明和使用函数指针数给的一般例子。这些函数(function1, function2, function3)都定义成取整数参数并且不返回值。这些函数的指针存放在数组 f 中，声明如下：

void(*f[3])(int) = {function1, function2, function3}

声明从最左边的括号读起，表示 f 是 3 个函数指针的数组，各取一个整数参数并返回 void。数组用三个函数名(是指针)初始化。用户输入 0 到 2 的值时，用这些值作为函数指针数组的下标。函数调用如下所示：

(*f[choice])(choice);

调用时，f[choice]选择数组中 choice 位置的指针。复引用指针以调用函数，并将 choice 作为参数传入函数中。每个函数打印自己的参数值和函数名，表示正确调用了这个函数。

【例5-9】 使用指向函数的指针数组来调用函数。

```
#include <iostream.h>
void function1(int);
void function2(int);
void function3(int);
int main()
{
    void (*f[3])(int) = {function1, function2, function3};
    int choice;
    cout << "Enter a number between 0 and 2, 3 to end: ";
    cin >> choice;
    while (choice >=0 && choice <3)
    {
        (*f[choice])(choice);
        cout << "Enter a number between 0 and 2, 3 to end: ";
        cin >> choice;
    }
    cout << "Program execution completed." << endl;
```

```
        return 0;
}
void function1(int a)
{
        cout << "You entered " << a << " so function1 was called\n\n";
}
void function2(int b)
{
        cout << "You entered " << b << " so function2 was called\n\n";
}
void function3(int c)
{
        cout << "You entered" << c << " so function3 was called\n\n";
}
```

程序运行结果为:

Enter a number between 0 and 2, 3 to end: 0
You entered 0 so function1 was called
Enter a number between 0 and 2, 3 to end: 1
You entered 1 so function2 was called
Enter a number between 0 and 2, 3 to end: 2
You entered 2 so function3 was called
Enter a number between 0 and 2, 3 to end: 3
Program execution completed.

5.4 指针运算

指针运算除了取地址 &、间接访问运算 * 外,还可以对指针进行赋值、比较、增1、减1等。

1. 赋值(=)

指针之间也能够赋值,它是把赋值号右边指针表达式的值赋给左边的指针对象,该指针对象必须是一个左值,并且赋值号两边的指针类型必须相同。但有一点例外,那就是允许把任一类型的指针赋给 void * 类型的指针对象。如:

```
char ch = 'd', * pch;
pch = &ch;        //把 ch 的地址赋给 cp
void * pv = pch;    //将字符指针赋给 void * 的指针
```

2. 增1(++)和减1(--)

增1和减1操作符同样适用于指针类型,使指针值增加或减少所指数据类型的长度值。

例如,分析下面的程序段:

```
int a[4]={10,25,36,48};      //定义了一个整型数组a,并被初始化
int *p=a;       //定义整型指针p并使之指向数组a中的第一个元素a[0]
cout<<*p<<'';   //输出p所指对象a[0]的值
p++;            //p增加1,即p指向a[1]
cout<<*p++<<' ';//先计算*p,即输出a[1],然后p增加1,指向a[2]
cout<<*++p<<endl;//先使p增加1,即p指向a[3],再计算*p,即输出a[3]
```

程序运行结果为:

10 25 48

设p是一个指向A类型的指针变量,则p++表示先得到p的值,然后p增1,实际上p增加了A类型的长度值,使p指向了原数据的后面一个数据。如:

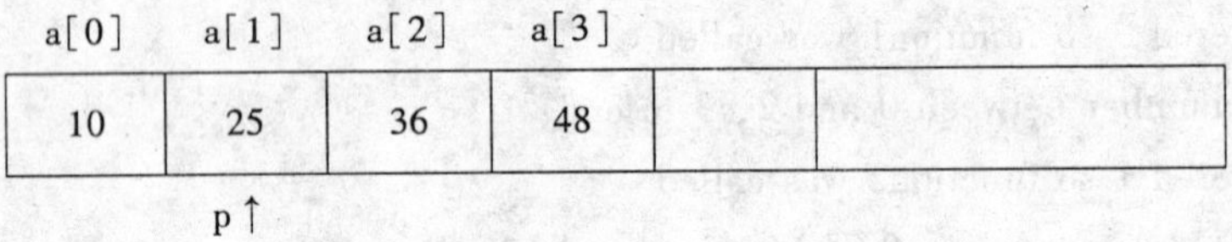

a[0]	a[1]	a[2]	a[3]		
10	25	36	48		

p↑

图 5-9

在图5-9中若指针p指向a[1],则:

(1)p++表示p增加1,使指针p指向a[2]。

(2)p--表示p减1,使指针p指向a[0]。

表达式 *p++ 若写成(*p)++,则将首先访问p所指向的对象,然后使这个对象的值增1,而指针p的值将不变。

例如,分析下面的程序段:

```
char b[10]="abcde";//定义一个字符数组b,用字符串"abcde"对其进行初始化
char *p=b;//定义了一个字符指针p并使之指向数组b中的第一个元素b[0]
cout<<*p++<<;     //输出*p,并使p指向b[1]
p++;              //使p指向b[2]
p++;              //使p指向b[3]
cout<<*p--<<' '; //输出*p,即b[3],并使p反向指向b[2]
cout<<*--p<<endl; //使p指向b[1],输出*p,即b[1]
```

程序运行结果为:
a d b

3. 加(+)和减(-)

一个指针可以加上或减去一个整数(假定为 n),得到的值将是该指针向后或向前第 n 个数据的地址。如:

```
char a[10] = "ABCDEF"
int b[6] = {1,2,3,4,5,6};
char *p1 = a, *p2;
int *q1 = b, *q2;
p2 = p1 + 4;q2 = q1 + 2;
cout<<*p1<<' '<<*p2<<' '<<*(p2-1)<<endl;
cout<<*q1<<' '<<*q2<<' '<<*(q2+3)<<endl;
```

程序运行结果为:
A E D
1 3 6

一个指针也可以减去另一个指针,其值为它们之间的数据个数。若被减数较大则得到正值,否则为负值。如:

```
double a[10] = {0};           //定义数组 a,所有元素初始化为 0
double *p1 = a, *p2 = p1 + 8;  //指针 p1 指向元素 a[0], p2 指向元素 a[8]
p1++; --p2;                    //p1 增加 1,指向 a[1], p2 减 1,指向 a[7]
cout << p2 - p1 <<' '< p1 - p2 << endl;
```

程序运行结果为:
6 -6

4. 强制指针类型转换

若需要把一个指针表达式的值赋给一个与之不同的指针类型的变量,应把这个值强制转换为被赋值变量所具有的指针类型。当然,在转换后,只有类型发生了变化,其具体的地址值(即一个十六进制的整数代码)不变。如:

```
char *cp;
int a[10];
```

cp = (char *)&a[0];

在这里 cp 为 char * 类型的指针变量,而 &a[0] 为 int 类型的地址表达式,要把这个表达式的值赋给 cp 必须把它强制转换为 char * 类型。

5. 比较(= =,! =,<,<=,>,>=)

因为指针是一个地址,地址也有大小,即后面数据的地址大于前面数据的地址,所以两个指针可以比较大小。设 p 和 q 是两个同类型的指针,则:

(1) 当 p 大于 q 时,关系式 p>q,p>=q 和 p!=q 的值为真,而关系式 p<q,p<=q 和 p==q 的值为假。

(2) 若 p 的值与 q 的值相同,则关系式 p==q,p<=q 和 p>=q 成立,其值为真,而关系式 p!=q,p<q 和 p>q 不成立,其值为假。

(3) 当 p 小于 q 时,关系式 p<q,p<=q 和 p!=q 的值为真,而关系式 p>q,p>=q 和 p==q 的值为假。

单个指针也可以同其他任何对象一样,作为一个逻辑值使用,当它的值不为空时则为逻辑值真,否则为逻辑值假。该条件可表示为 p 或 p!=NULL。

5.5 动态存储分配

5.5.1 new 操作符

在 C++ 语言中,可以使用 new 操作实现动态存储分配。使用 new 操作符的格式为:

new <数据类型标识符>[(初值表达式>)];

对非数组类型,中括号内为可选项;对数组类型,中括号内应给出作为数组长度的表达式。

举例说明如下。

(1) int * pi = new int;

此语句定义了一个整型指针 pi,系统将分配 4 个字节的整数存储空间,并将该存储空间的首地址赋给整型指针变量 pi。

(2) int * pi = new int(5);

执行此语句时,系统将分配 4 个字节的整数存储空间,并将该存储空间的首地址赋给整型指针变量 pi,同时对存储空间进行初始化,使之存储一个整数 5。

(3) char * pch = new char[10];

执行此语句时,首先分配具有 10 个字节的字符数组空间,然后将该存储空间中第一个元素的地址赋给字符类型的指针变量 pch。

(4) int * pi = new int[n];

执行此语句时,首先分配能够存储 n 个整数的数组空间,然后将该存储空间首地址(即数组第一个元素的地址)赋给整型指针变量 pi。

几点说明:

(1) new 操作符是一种单目操作,操作数紧跟其后,该操作数是一种数据类型。当数据类型不是数组时,还可以初始化动态分配得到的数据空间。

(2) 当程序执行 new 运算时,将首先从内存中相应的存储区内分配一块存储空间,该存储空间的大小等于 new 运算符后指明的数据类型长度;然后返回该存储空间的地址。对数组类型返回的是该空间中存储第一个元素的地址。

(3) 若执行 new 操作时无法得到所需的存储空间,则表明动态分配失败。此时返回空指针,即运算结果为 NULL。

(4) 采用 new 运算能够实现数据存储空间的动态分配,但用户只有把它的返回值保存到一个指针变量后,才能够通过这个变量间接地访问这个存储空间(即数据对象)。当然用户所定义的指针变量的类型必须与 new 运算返回值的类型相同。

double (* pd)[N] = new double[M][N];

执行该语句时,首先分配 M*N 个双精度数存储空间,它是一个二维双精度数组空间,然后返回第一个元素的地址。由于对应的一维数组的元素类型为 double[N],所以返回值的类型为 double(* pd)[N]。

char ** pch = new char *(&x);

执行该语句时,首先动态分配一个 4 字节的用于存储一个字符指针的数据空间,并使这个数据空间初始指向 x,假定 x 是一个 char 类型的对象,然后返回这个数据空间的地址。由于该数据空间保存的是字符指针,所以返回值的类型为 char **。

(5) 当采用 new 运算动态分配一维数组空间时,该数组的长度 n 既可以为一个常量表达式,又可以为一个变量表达式。而在变量定义语句中定义的数组,其数组的长度必须是一个常量表达式,不允许是变量表达式。当只有在程序运行时才能确定待使用数组的长度时,则只能采用动态分配建立该数组,不能采用变量定义语句定义它。

(6) 当采用 new 运算动态分配二维以上数组空间时,只有第一维的尺寸是可变的,其余的尺寸都必须为常量,返回值为一个指向数组的指针,该数组的类型为除上述第一维之外剩下的数组类型。如:

new int[2][3][4];

返回值的类型为 int(* p1)[3][4],其值是按第一维考虑的第一个元素的地址。

5.5.2 delete 操作符

使用 new 运算符动态分配给用户的存储空间,可以通过使用 delete 运算符收回并归还给系统。若没有使用 delete 运算符归还,则只有等到整个程序运行结束才被系统自动回收。使用 delete 运算符的格式为:

delete p1;　　或　　**delete [ ]p2;**

其中 p1 表示指向动态分配的非数组空间的指针,p2 表示指向动态分配数组空间的指针。如:

```
int *p = new int;          //动态分配的整数对象*p
*p = 20;                   //给*p赋值为20
(*p)++;                    //然后让它增1,*p的值由20变为21
int x = *p - 5;            //用表达式为*p-5初始化整型变量x,x的值为16
cout << *p << ' ' << x << endl;  //输出*p和x的值
delete p;                  //把p所指向的动态分配的存储空间归还给系统
```

注意:

(1) delete p 可以释放指针变量 p 所指向的存储空间,但静态分配给指针变量 p 的 4 个字节的指针空间不会释放,还可以利用 p 指向另一个整数对象。如:

```
int y = 13;
p = &y;
cout << *p << endl;
```

又使 p 指向了整数对象 y,此时 *p 就是 y。

```
int n;
cin >> n;
int *pi = new int[n];
delete [ ]pi;              //释放 pi 所指的存储空间,并归还给系统
```

(2) 系统对每一个变量都会分配一个存储空间,指针变量也不例外,所以要区分指针变量指向的存储空间和系统分配给指针变量的存储空间。它们是两个不同的概念。

【例 5-10】 动态分配和释放数组的操作。

```
#include <iostream.h>
int main()
{
    int n,i;
    cout << "请输入一个动态数组的长度:";
    cin >> n;
    int *a = new int[n];     //动态分配内存空间
    a[0] = 1;
    for(i = 1; i < n; i++)
        a[i] = 2 * a[i-1] + 1;    //下标访问方式
    for(i = 0; i < n; i++)
        cout << *(a+i) << ' ';    //指针访问方式
```

```
        cout << endl;
        delete [ ]a;       //释放动态分配用于存储 n 个整数的存储空间
        return 0;
}
```

【例 5-11】 运用指针数组编一程序,从键盘上依次输入 M 个人的姓名和成绩,然后调用选择排序算法按照成绩从高到低的次序排列学生姓名和成绩,最后按照成绩从高到低的次序输出每个人的姓名和成绩。

```
#include  <iomanip.h>
#include  <string.h>
const M = 5, N = 20;    //定义常量 M 和 N
void SelectSort ( char * a[ ], int b[ ], int M)
//算法中对数组参数的操作就是对相应实参数组的操作
{
    int i, j, k;
    char * temp = 0;
    for( i = 1; i < M; i++ )
    { //进行 M - 1 次选择和交换
        k = i - 1;   //给 k 赋初值
        //选择当前区间内的最大值 b[k]
        for( j = i; j < M; j++ )
            if( b[j] > b[k] )
                k = j;
        //交换 a[i-1] 和 a[k], b[i-1] 和 b[k] 的值,使成绩和姓名同步被交换
        int y;
        temp = a[i-1]; a[i-1] = a[k]; a[k] = temp;//通过指针交换姓名
        y = b[i-1]; b[i-1] = b[k]; b[k] = y;        //交换成绩
    }
}
void main( )
{
    char * ax[M];      //定义指针数组存储学生姓名
    int bx[M];         //定义整型数组存储学生成绩
    //从键盘输入 M 个人的姓名和成绩到数组 ax 和 bx 中
    int i;
    cout << "输入" << M << "个人的姓名和成绩:";
```

```
    for(i=0;i<M;i++)
    {
        ax[i] = new char[N];        //用 new 分配存储空间
        cin >> ax[i] >> bx[i];      //输入学生的姓名和成绩
    }
    //调用选择排序算法对 ax 和 bx 数组按成绩进行选择排序
    SelectSort(ax,bx,M);//此语句使以后的输出结果按在给定宽度内左对齐
                        显示,默认情况是按右对齐显示
    cout.setf(ios::left);
    //按排序结果依次输出每个人的姓名和成绩
    for(i=0;i<M;i++)
        cout << setw(30)<< ax[i]<< setw(4)<< bx[i] << endl;
    for(i=0; i<M; i++)              //释放动态分配的存储空间 ax[M]
        delete ax[i];
}
```

小 结

1. 常用的指针类型变量

定义形式	含 义
int *p;	p 为指向整型数据的指针
int (*p)[10];	p 为指向含 10 个元素的一维数组的指针
int (*p)(形参表);	p 为指向函数的指针,该函数返回一个整型值
int *p[10];	定义一个指针数组 p,它包含 10 元素,每个元素指向下一个整型数据
int *pfun(形参表)	pfun 为返回一个指针的函数,该指针指向整型数据
int **p;	p 是一个二级指针,它指向一个整型数据的指针变量
int (**p)[10];	p 是一个指向另一个指针变量的指针变量,被指向的指针变量是一个指向含有 10 个整型数据的一维数组

2. 指针运算

- 指针运算符 & 和 *
- 指针可以进行 ++ 和 -- 运算

- 指针可以与整数相加或相减
- 同类型的指针可以相互赋值
- 两个指针可以相减,但相加是没有意义的

3. 指针与数组的关系
- 指针与一维数组
- 指针与二维数组
- 指针与字符数组
- 指针与函数

思考题五

5.1 编写一个程序,用一个字符指针数组存放所有家庭成员的名单,并把它们打印出来。

5.2 编写一个程序,向用户询问5种日用品的平均价格,并把它们存放在一个浮点类型的数组中。使用指针按从前到后和从后到前的顺序分别打印该数组,然后再用指针把其中的最高价和最低价打印出来。

5.3 编写一个冒泡排序算法,使用指针将N个整型数据按从小到大的顺序进行排序。

5.4 编写一个程序向用户询问10首歌的名字,然后把这些名字存入到一个指针数组中。把这些歌名按原来的顺序打印出来、按字母表的顺序打印出来、按字母表的反序打印出来。

5.5 编写程序,将输入的一行字符加密和解密。加密时,每个字符依次反复加上"4962873"中的数字,如果范围超过ASCII码的032(空格)～122("Z"),则进行模运算。解密与加密的顺序相反。编制加密与解密函数,打印各个过程的结果。

5.6 用指针重新编写第四章例4-11～例4-18的程序。

5.7 用一个二维数组描述M个学生N门功课的成绩(假定M=3,N=4),用行描述一个学生N门功课的成绩,用列来描述某一门功课的成绩。设计一个函数minimum确定所有学生考试中的最低成绩,设计一个函数maximum确定所有学生考试中的最高成绩,设计一个函数average确定每个学生的平均成绩,设计一个函数printArray以表格形式输出所有学生的成绩。

5.8 使用函数指针数组将题5.7的程序改写成使用菜单驱动界面。程序提供5个选项如下所示(应在屏幕上显示):

Enter a choice :

0   Print the array of grades

1   Find the minimum grade

2　Find the maximum grade
3　Print the average on all tests for each student
4　End program

提示：使用函数指针数组的一个限制是所有指针应为相同类型。指针应指向接收相同类型参数和返回相同类型数值的函数。因此，题 5.7 的函数应修改成接收相同类型参数值和返回相同类型数值。将函数 minimum 和 maximum 修改成打印最小值与最大值，不返回任何内容。对选项 3，将函数 average 修改成输出每个学生（而不是特定学生）的平均成绩。函数 average 与函数 printArray、minimum 和 maximum 接收相同类型参数且不返回任何内容。将 4 个函数的指针存放在数组 process Grades 中，并用用户选择的选项作为调用每个函数的数组下标。

5.9　编写一个程序，用随机数产生器建立语句。程序用 4 个 char 类型的指针数组 article、noun、verb、preposition。选择每个单词时，在能放下整个句子的数组中连接上述单词。单词之间用空格分开。输出最后的语句时，应以大写字母开头，以圆点结尾。程序产生 20 个句子。

数组填充如下：article 数组包含冠词"the"、"a"、"one"、"some"和"any"，noun 数组包含名词"boy"、"girl"、"dog"、"town"和"car"，verb 数组包含动词"drove"、"jumped"、"ran"、"walked"和"skipped"，preposition 数组包含介词"to"、"from"、"over"、"under"和"on"。

编写上述程序之后，将程序修改成产生由几个句子组成的短故事（这样就可以编写一篇自动文章）。

第六章 结构体与共用体

【学习目的与要求】

通过本章的学习,掌握C++语言中结构类型、共用体、枚举类型等数据类型的定义和使用,并了解使用 typedef 定义类型名的方法,熟悉链表基本操作。

6.1 结构体

前面已介绍了数据基本类型(或称简单类型)的变量(如整型、实型、字符型变量等),也介绍了一种构造类型数据——数组,数组中的各元素是属于同一类型的。

如果想将一些有相关性却不同类型的数据,例如,一个学生的学号、姓名、性别、年龄、成绩、家庭地址等数据项放在一起,数组就无用武之地了。但利用C++语言提供的结构体(Structure),即可将一组类型不同的数据组合在一起,这种类型称为"结构型"。下面首先来看看如何声明结构体变量。

6.1.1 结构体的声明

1. 结构体的声明

如果想同时存储学生的学号(整型类型)、姓名(字符串类型)、年龄(整型类型)、成绩(实型类型)、家庭地址(字符串类型),由以前所学章节,只能利用5个不同的变量分别存储数据,而利用C++语言提供的结构体,就可以将这些有关联性、类型不同的数据存放在一起,结构体的定义及声明格式如下:

```
struct    结构体名
{
    数据类型    成员名1;
    数据类型    成员名2;
        ⋮
    数据类型    成员名n;
};
```

结构体的定义以关键字 struct 为首,struct 后面的标识符即为所定义的结构体的名称;而左、右花括号所包围起来的内容,就是结构体里面的各个成员,由于各个成员的类型可能不同,所以各个成员名如同一般的变量声明方式一样,要定义其所属的类型。注意不要忽略后面的分号。下面是一个结构体定义的实例。

```
struct    student
{
    int num;
    char name[10];
    int age;
    float score;
    char addr[30];
};
```

2. 结构体类型变量的定义

前面只是指定了一个结构体类型,它相当于一个模型,但其中并无具体数据,系统也不为它分配实际内存单元。为了能在程序中使用结构体类型的数据,应当定义结构体类型的变量,并在其中存放具体的数据。可以采取以下三种方法定义结构体类型变量。

(1)先声明结构体类型,后定义结构体变量。

如上面已定义了一个结构体类型 struct   student,可以用它来定义变量。如:

struct student   student1,student2;

结构体类型名　　结构体变量名

定义了 student1,student2 为 struct student 类型的变量,即它们具有 struct student 类型的结构,如图 6-1 所示。

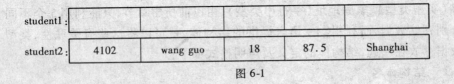

图 6-1

在定义了结构体变量后,系统会为之分配内存单元。例如 student1,student2 在内存中各占 48 个字节(2+10+2+4+30)。

(2)定义结构体类型的同时定义结构体变量。

例如:为学生信息定义两个变量 x 和 y,程序段如下:

```
struct    student        /*定义结构体类型 student*/
{   int    num;
    char    name[10];
```

```
    int age;
    float score;
    char addr[30];
} x,y;
```

这种方法是将类型定义和变量定义同时进行,以后仍然可以使用这种结构体类型来定义其他的结构体变量。

(3)定义无名称的结构体类型的同时定义结构体变量。

例如:为学生信息定义两个变量 x 和 y,程序段如下:

```
struct          /*定义结构体类型,但省略了类型名*/
{   int num;
    char name[10];
    int age;
    float score;
    char addr[30];
} x,y;
```

这种方法是将类型定义和变量定义同时进行,但是结构体类型的名称省略了,以后将无法使用这种结构体类型来定义其他变量。

关于结构体类型的几点说明:

(1)类型与变量是不同的概念:结构体变量的定义,必先定义一个结构体类型;变量能赋值,而类型不能赋值;定义类型不分配内存空间,而定义变量时分配内存空间。

(2)结构体中的成员:其地位和作用相当于普通变量。

(3)结构体中的成员也可以是一个结构体变量,即嵌套结构体。

(4)成员名可以与程序中的其他变量同名,两者不代表同一对象,如结构体类型 struct student 中的 num 成员与程序中定义的一个变量 num 是两个不同的变量,互不干扰。

6.1.2　结构体变量的引用及初始化赋值

1. 结构体变量的引用

由结构体变量名引用其成员的标记形式为:

　　　结构体变量名.成员名

例如:x.num 表示引用结构体变量 x 中的 num 成员,因该成员的类型为 int 型,所以可对它进行任何 int 型赋值运算:

x.num = 4101;

2. 结构体变量的初始化

结构体变量和其他变量一样,在定义结构体变量的同时进行初始化。

【例6-1】 对结构体变量初始化。
```
main()
{   struct student         /*定义结构体类型 student*/
   {  int num;
      char name[10];
      int age;
      float score;
      char addr[30];
   } x = {4101,"Zhang Li",19,91.5,"Beijing"};  /*定义变量x并初始化*/
   printf("No:%d\nName:%s\nAge:%d\n",x.num,x.name,x.age);
   printf("Score:%f\nAddr:%s",x.score,x.addr);
}
```

运行结果如下：
No:4101
Name:Zhang Li
Age:19
Score:91.500000
Addr:Beijing

6.2 嵌套结构体

1. 嵌套结构体的定义

既然结构体可以存放不同的数据类型，是不是也可以在结构体中拥有另一个结构体呢？只要是C++语言可以使用的数据类型，都可以在结构体中定义使用。这种结构体里又包含另一个结构体的结构体，称之为"嵌套结构体"(nested structure)。

例如下面的结构体：
```
struct date              /*定义结构体类型 date*/
   {    int month;
        int day;
        int year;
   };
struct student           /*定义结构体类型 student*/
{  int num;
```

```
        char name[10];
        int age;
        struct date birthday;      /*成员 birthday 又是 struct date 结构类型*/
        char addr[30];
    }x,y;
```

先声明一个 struct date 类型,它代表日期,包括 3 个成员:month,day,year。然后声明 struct student 类型时,将 birthday 指定为 struct date 类型。struct student 类型的结构如图 6-2 所示。

num	name	age	birthday			addr
			month	day	year	

图 6-2

2. 嵌套结构体变量成员的引用

在嵌套结构体中,某个结构体变量的成员类型是另一种结构体类型,则成员的引用方法如下:

外层结构型变量.外层成员名.内层成员名

注意,这种嵌套的结构型数据,外层结构型变量的成员是不能单独引用的。例如,"外层结构型变量.外层成员名"是错误的,因为结构型变量是不能直接引用的。

【例6-2】 嵌套的结构型变量成员的引用。

```
#include <string.h>
struct date                    /*定义结构体类型 date*/
{ int year;
  int month;
  int day;
};                             /*注意:本结构体类型定义结束应该加";"号*/
struct student                 /*定义结构体类型 student*/
    { int num;
      char name[10];
      struct date birth;       /*成员 birthday 又是 struct date 结构类型*/
    }x;                        /*定义变量 x 为 struct student 型*/
main()
{ x.num=4101;
  strcpy(x.name,"Zhang Li");
```

x.birth.year=1988;
x.birth.month=10;
x.birth.day=20;
printf("No:%d\nName:%s\n",x.num,x.name);
printf("Birth:%4d.%2d.%2d\n",x.birth.year,x.birth.month,x.birth.day);
}

运行结果如下:
No:4101
Name:Zhang Li
Birth:1988.10.20

6.3 结构体数组

一个结构体变量可以存放一组不同类型的数据(如一个学生的学号 num,姓名 name,年龄 age,分数 score,地址 addr)。如果有 100 个学生的数据需要参加运算和处理,显然应该用数组,即结构体数组。

结构体数组与前面介绍的简单类型数组的不同之处在于每个数组元素都是一个结构体类型的数据,它们都分别包括各个成员项。

6.3.1 结构体数组的定义和初始化

结构体数组的定义和一般的结构体变量定义相似,在声明结构体数组变量时,只要加上数组的方括号([ ])即可。定义方法也是三种:

(1)先定义结构型,然后再定义结构型数组并赋初值,程序段如下:
```
struct student
    {   int num;             /*定义结构类型:student*/
        char name[20];
        char sex;
        float score[3];
    };
struct student s[3]={{4101,"Zhang Li",'m',{80,86,92}},
                    {4102,"Wang Guo",'f',{76,84,80}},
                    {4103,"Liu Hai",'m',{90,79,67}}};/*定义数组 s,并
                                                      赋初值*/
```

这个定义语句将使数组 s 的各个元素的成员初值如下:

	num	name	sex	score[0]	score[1]	score[2]
s[0]	4101	Zhang Li	'm'	80	86	92
s[1]	4102	Wang Guo	'f'	76	84	80
s[2]	4103	Liu Hai	'm'	90	79	67

这种方法是将类型定义和变量定义分开进行,是比较常用的一种方法。

(2)定义结构型的同时定义数组并赋初值,程序段如下:

```
struct student            /*定义结构类型:student*/
{   int num;
    char name[20];
    char sex;
    float score[3];
} s[3] = {{4101,"Zhang Li",'m',{80,86,92}},
          {4102,"Wang Guo",'f',{76,84,80}},
          {4103,"Liu Hai",'m',{90,79,67}}};   /*同时定义数组s[3],并赋
                                                 初值*/
```

(3)定义无名称结构型的同时定义数组并赋初值,程序段如下:

```
struct              /*定义无名称的结构型*/
{   int num;
    char name[20];
    char sex;
    float score[3];
} s[3] = {{4101,"Zhang Li",'m',{80,86,92}},
          {4102,"Wang Guo",'f',{76,84,80}},
          {4103,"Liu Hai",'m',{90,79,67}}};   /*同时定义数组s[3],并赋
                                                 初值*/
```

6.3.2 结构体数组成员的引用

定义了结构型的数组,就可以使用这个数组中的元素。与结构型变量相同,不能直接使用结构型数组元素,只能使用数组元素的成员。

结构型数组元素成员的引用格式如下:

结构型数组名[下标].成员名

【例6-3】 编写统计候选人得票程序,设有4名候选人,以输入得票的候选人名方式模拟计票,最后输出各候选人所得票数。

算法设计:

(1)定义结构数组,并初始化。

候选人相关的信息是:姓名和得票,并将各候选人得票初始化为0。

struct person

```
{   char name[20];
    int count;
} leader[4] = {{"Li",0},{"Wang",0},{"Zhang",0},{"Liu",0}};
```
(2) 输入一个候选人名,给该候选人计票。
```
scanf("%s",name);
for(j=0;j<4;j++)
    if(strcmp(name,leader[j].name)==0) leader[j].count++;
```
(3) 输出各候选人所得票数。
```
for(j=0;j<4;j++)
printf("\n%s=%d",leader[j].name,leader[j].count);
```
程序清单请读者自己补充完整并上机调试。

6.4 结构体指针

一个结构体变量的指针就是该结构体变量所占据的内存段的起始地址。可以定义一个指针变量,用来指向一个结构体变量,此时该指针变量的值是结构体变量的起始地址。指针变量也可以用来指向结构体数组中的元素。

6.4.1 指向结构体变量的指针

指向结构体变量的指针,定义的一般形式为:
  struct 类型名 *指针变量名;
例如:
   struct date *p,date1;
定义指针变量 p 和结构体变量 date1。其中指针变量 p 能指向类型为 struct date 的结构体。赋值 p=&date1,使指针 p 指向结构体变量 date1。

通过指向结构体的指针变量引用结构体成员的表示方法是:
   指针变量 –> 结构体成员名
例如,通过指针变量 p 引用结构体变量 date1 的 day 成员,写成 p –> day,引用 date1 的 month,写成 p –> month 等。

"*指针变量"表示指针变量所指对象,所以通过指向结构体的指针变量引用结构体成员也可以写成以下形式:
   (*指针变量).结构体成员名
这里圆括号是必须的,因为运算符"*"的优先级低于运算符"."。从表面上看,*p.day 等价于 *(p.day),但这两种书写形式都是错误的。采用这种标记方法,通过 p 引用 date1 的成员可写成(*p).day、(*p).month、(*p).year。但是很少有场合采用这种标记方法,习惯采用运算符"–>"来标记。

【例 6-4】 写出下列程序的执行结果。
```
#include <string.h>
```

```
main()
  { struct student
    { int num;
      char name[20];
      char sex;
      float score;
    };
    struct student stu1, * p;
    p = &stu1;
    stu1. num = 4101;
    strcpy(stu1. name,"Zhang Guo");
    stu1. sex = 'm';
    stu1. score = 91.5;
    printf(" No:% d \nName:% s \nSex:% c \nScore:% f", stu1. num, stu1. name, stu1. sex,stu1. score);
    printf("No:% d \nName:% s \nSex:% c \nScore:% f",( * p). num, ( * p). name, ( * p). sex, ( * p). score);
  }
```

在主函数中定义了struct student 类型,然后定义了一个struct student 类型的变量stu1。同时又定义了一个指针变量p,它指向struct student 结构体类型。在函数的执行部分,将stu1 的起始地址赋给指针变量p,也就是使p指向stu1,然后引用stu1 的成员num,其余类推。第二个printf 函数也是用来输出stu1 的各成员的值,但使用的是(* p). num 这样的形式。

程序运行结果如下:

No:4101   No:4101
Name:Zhang Guo   Name:Zhang Guo
Sex:m   Sex:m
Score:91.500000 Scord:91.500000

可见两个printf 函数的输出结果是相同的。

如果采用"指针变量 -> 结构体成员名"的表示方法,上面程序中最后一个printf 函数中的输出项列表可改为:

p -> num,p -> name,p -> sex,p -> score

其中 -> 称为指向运算符。

请分析以下几种运算:

p -> n   得到p指向的结构体变量中成员n的值。

p -> n ++   得到p指向的结构体变量中成员n的值,用完该值后使它加1。

++p−>n   得到p指向的结构体变量中成员n的值使之加1(先加)。

6.4.2 指向结构体数组的指针

一个指针变量可以指向一个结构体数组元素,也就是将该结构体数组元素地址赋给此指针变量。例如:

```
struct
{   int a;
    float b;
} arr[3], *p;
p = arr;
```

此时使p指向arr数组的第一个元素,"p=arr;"等价于"p=&arr[0];"。若执行"p++;",则此时指针变量p指向arr[1],指针指向关系如图6-3所示。

【例6-5】 输出3个学生的信息。

```
#include "stdio.h"
struct student
    {   int num;
        char name[20];
        char sex;
        int age;
    };
struct student stu[3]={ {4101,"Zhang Li",'m',18},
                        {4102,"Wang Guo",'f',19},
                        {4103,"Liu Hai",'m',20} };
main()
{   struct student *p;
    printf("No       Name        sex       age       \n");
    for(p=stu;p<stu+3;p++)
        printf("%5d %-20s %2c %4d\n",p->num,p->name,p->sex,p->age);
}
```

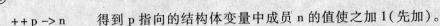

图 6-3

运行结果如下:

No	Name	sex	age
4101	Zhang Li	m	18
4102	Wang Guo	f	19
4103	Liu Hai	m	20

p 是指向 struct student 结构体类型数据的指针变量。在 for 语句中使 p 的初值为 stu，也就是数组 stu 的起始地址。在第一次循环中输出 stu[0] 的各个成员值。然后执行 p++，使 p 加 1。p 加 1 意味着 p 所增加的值为结构体数组 stu 的一个元素所占的字节数（在本例中为 2+20+1+2=25 字节）。执行 p++ 后 p 的值等于 stu+1，p 指向 stu[1] 的起始地址。在第二次循环中输出 stu[1] 的各个成员值。再执行 p++，p 的值等于 stu+2，p 指向 stu[2] 的起始地址。再输出 stu[2] 的各个成员值，以后依次类推。

6.4.3 用结构体变量和指向结构体变量的指针作为函数参数

将一个结构体变量的值传递给另一个函数，有三种方法：

（1）用结构体变量的成员作实参。

例如，用 stu1[1].num 或 stu1[2].num 作函数实参，将实参值传给形参。用法和用普通变量作实参是一样的，属于"值传递"方式。

（2）用结构体变量作实参。

这种参数传递方式也属于"值传递"方式，将结构体变量所占的内存单元的内容全部顺序传递给形参，且形参也必须是同类型的结构体变量。这种传递方式在空间和时间上开销较大（特别是结构体规模较大时），因此一般较少使用这种方法。

（3）用指向结构体变量（或数组）的指针作实参。

这种参数传递属于"传地址"方式，将结构体变量（或数组）的地址传给形参。

【例 6-6】 有一个结构体变量 stu，包括学生学号、姓名和 3 门课程的成绩。要求在 main() 函数中赋初值，用另一个函数 print 将这些学生的信息打印出来。

```
#include "string.h"
#define FORMAT "%d\n%s\n%f\n%f\n%f\n"
struct student
    {       int num;
            char name[20];
            float score[3];
    };
void print(struct student stu)
{   printf(FORMAT,stu.num,stu.name,stu.score[0],stu.score[1],stu.score[2]);   }
main()
{   struct student stu;
    stu.num=4101;
    strcpy(stu.name,"Zhang Guo");
    stu.score[0]=91.5;
    stu.score[1]=80;
```

```
        stu.score[2]=78.6;
        print(stu);
}
```

运行结果为：
4101
Zhang Guo
91.500000
80.000000
78.600000

本题中将 struct student 定义在函数体外部，这样，同一源文件中的各个函数都可以用它来定义变量。main() 函数和 print 函数中的 stu 都被定义为 struct student 类型。

在调用 print 函数时以 stu 为实参向形参 stu 实行"值传递"。在 print 函数中输出结构体变量 stu 各成员的值。

【例6-7】 将例6-6改用指向结构体变量的指针作实参。
```
#include "string.h"
#define FORMAT "%d\n%s\n%f\n%f\n%f\n"
struct student
    {   int num;
        char name[20];
        float score[3];
    };
void print(struct student *p)      /*形参定义为指向结构体的指针变量*/
    {   printf(FORMAT,p->num,p->name,p->score[0],p->score[1],p->score[2]);  }
main()
    {   struct student stu;
        stu.num=4101;
        strcpy(stu.name,"Zhang Guo");
        stu.score[0]=91.5;
        stu.score[1]=80;
        stu.score[2]=78.6;
        print(&stu);        /*实参传递的是地址*/
    }
```
此程序改动了3处：

(1)实参传递的是结构体的地址,不再是结构体变量;
(2)形参必须定义为存放结构体地址的指针变量,即结构体指针;
(3)输出参数是指针变量所指向的成员,而不是结构体的成员。

6.5 链表的基本操作

到目前为止,程序中的变量都是通过定义引入的,这类变量在其存在期间,它固有的数据结构是不能改变的。本节将介绍系统程序中经常使用的动态数据结构,其中包括的变量不是通过变量定义建立的,而由程序根据需要向系统申请获得的。动态数据结构由一组数据对象组成,其中数据对象之间具有某种特定的关系。动态数据结构最显著的特点是它包含的数据对象个数及其相互关系可以按需要改变。经常遇到的动态数据结构有链表、树、图等。本节只介绍简单的单向链表动态数据结构。

链表的基本操作包括建立链表,链表的插入、删除、输出和查找等。

6.5.1 链表基本知识

链表是最简单、最常用的一种动态数据结构。它是动态进行内存分配的一种结构。如果用数组存放数据,则必须事先定义数组的长度,即数组元素的个数。例如,有的班级有 50 人,而有的班只有 30 人,如果要用同一个数组存放不同班级学生的数据,则必须定义长度为 50 的数组。如果事先难以确定一个班的最多人数,则必须把数组定义得足够大,以能存放任何班学生的数据。显然这将会浪费大量内存空间。链表则没有这种缺点,它根据需要开辟内存单元。图 6-4 表示最简单的一种单向链表的结构。

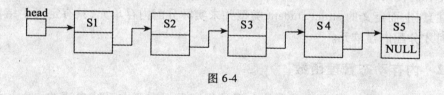

图 6-4

链表中有一个"头指针"变量,用 head 表示。它存放一个地址,该地址指向一个链表元素。链表中每一个元素称为节点,每个节点都应包括两部分:一是用户需要用的实际数据,二是下一个节点的地址。可以看出,head 指向第一个节点,第一个节点又指向第二个节点,一直到最后一个节点,该节点不再指向其他节点,它称为表尾,它的地址部分放一个 NULL(表示"空地址")。链表到此结束。

在图 6-4 所示链表中,一个节点的后继节点位置由节点所包含的指针成员所指,链表中各节点在内存中的存放位置可以是任意的。如果寻找链表中的某一个节点,则必须从链表头指针所指的第一个节点开始,顺序查找。另外,图 6-4 所示的链表是单向的,即每个节点只知道它的后继节点位置,而不能知道它的前驱节点。在某些应用中,要求链表的每个节点都能方便地知道它的前驱节点与后继节点。这种链表的表示应设有两个指针成员,分别指向它的前驱节点和后继节点,这种链表称为双向链表。

链表与数组的区别有:

(1)数组元素的个数是确定的,而组成链表的节点个数可动态增减。

(2)数组元素的存储单元在数组定义时分配,而链表节点的存储单元在程序执行时动态向系统申请。

(3)数组中的元素顺序关系由元素在数组中的下标确定,而链表中的节点顺序关系由节点所包含的指针来体现。

(4)数组不适合插入、删除频繁的场合,而链表方便数据的增删。

链表的节点是结构体变量,它包含若干成员,其中有些成员可以是任何类型,如标准类型、数组类型、结构体类型等;另一些成员是指针类型,用来存放与之相连的地址。单向链表的节点只包含一个这样的指针成员。

下面是一个单向链表节点的成员类型说明:

```
struct student
{   int num;
    float score;
    struct student * next;
};
```

其中 next 是成员名,它是指针类型的,它指向 struct student 类型数据。用这种方法可以建立链表,链表的每一个节点都是 struct student 类型,它的 next 成员存放下一节点的地址。这种在结构体类型的定义中引用类型名定义自己的成员的方法只允许定义指针时使用。

注意:上面定义的 struct student 类型并未实际分配内存单元,只有定义了结构体变量时才分配内存单元。

6.5.2 内存动态管理函数

前面已经提及,链表节点的存储空间是程序根据需要向系统申请的。C++语言系统的函数库中提供了程序动态申请和释放内存存储块的库函数,下面分别介绍。

1. malloc 函数

其函数原型为:

      void * malloc(unsigned int size);

其中,参数 size 为无符号整型,函数值为指针,即地址。这个指针是指向 void 类型的,也就是不规定指向任何具体的类型。

其作用是在内存的动态存储区中分配一个长度为 size 的连续空间。此函数的返回值是一个指向分配域起始地址的指针,如果内存缺乏足够大的空间进行分配,则返回空指针,即地址 0(或 NULL)。

2. calloc 函数

其函数原型为:

  void * calloc(unsigned n,unsigned size);

其作用是在内存的动态存储区中分配 n 个长度为 size 的连续空间。函数返回一个指向分配域起始地址的指针;如果分配不成功,则返回 NULL。

用 calloc 函数可以为一维数组开辟动态存储空间,n 为数组元素个数,每个元素长度为 size。

3. free 函数

其函数原型为:

  void free(void * p);

其作用是释放由 p 指向的内存区,使这部分内存区能被其他变量使用。p 是调用 calloc 或 malloc 函数时返回的值。free 函数无返回值。

请注意:以前的 C 版本提供的 malloc 和 calloc,函数得到的是指向字符型数据的指针。ANSI C 提供的 malloc 和 calloc 函数规定为 void * 类型。

有了本节所介绍的初步知识,下面就可以对链表进行操作了(包括建立链表、插入或删除链表中一个节点等)。有些概念需要在后面的应用中逐步建立和掌握。

6.5.3 建立链表

所谓建立动态链表是指在程序执行过程中从无到有地建立起一个链表,即一个一个地开辟节点和输入各节点数据,并建立起前后相连的关系。

【例 6-8】 写一函数建立一个有 n 名学生数据的单向动态链表。

算法如下:

(1)设 3 个指针变量:head,p1,p2,它们都是用来指向 struct student 类型数据的,如图 6-5 所示。

(2)使用 malloc 函数开辟第一个节点,使 p1,p2 指向它如图 6-6 所示。

(3)从键盘读入一个学生数据给 p1 所指第一个节点。使 head 的值为 MULL。

(4)若学生学号为 0,则表示建立链表过程完成,该节点不连接到链表中,否则 n = n + 1,即将该节点连接到链表中。

(5)若"n = = 1",则"head = p1";即把 p1 的值赋给 head,也就是使 head 指向新开辟的第一个节点,此时 p1 所指的节点为链表中第一个节点。否则,若 n! = 1,则将新节点链接到表后,即 p2 -> neot = p1;如图 6-7(b)所示。

(6)表尾指针 p2 指向表尾节点即 p2 = p1;如图 6-7(c)所示。用 malloc 函数开辟新节点赋予指针 p1,并从键盘读入学生数据给 p1 所指节点,如图 6-7(a)所示。

(7)重复(4)、(5)、(6)直到新节点输入的数据为 p1 -> num = 0,新节点不被连到链表中,循环终止。

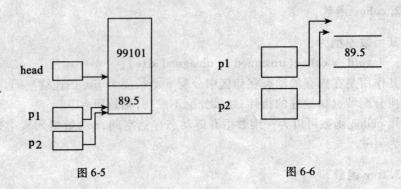

图 6-5   图 6-6

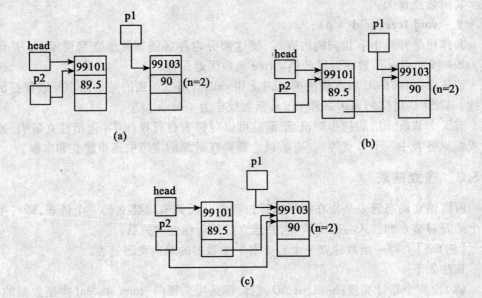

图 6-7

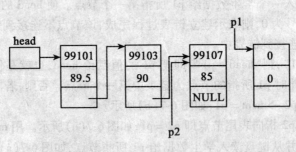

图 6-8

建立链表的函数可以如下:
```c
#define NULL 0
#define LEN sizeof(struct student)
struct student
{   int num;
    float score;
    struct student * next;
};
int n;                      /* n 为全局变量,本模块中各函数均可使用它 */
struct student * creat(void)/* 定义函数。此函数带回一个指向链表头的指针 */
{   struct student * head;
    struct student * p1, * p2;
    n = 0;
    p1 = p2 = (struct student *) malloc(LEN);   /* 开辟一个新单元 */
    scanf("%d,%f", &p1 -> num, &p1 -> score);
    head = NULL;
    while(p1 -> num != 0)
    {   n = n + 1;
        if(n == 1)   head = p1;
        else         p2 -> next = p1;
        p2 = p1;
        p1 = (struct student *)   malloc(LEN);
        scanf("%d,%f", &p1 -> num, &p1 -> score);
    }
    p2 -> next = NULL;
    return(head);
}
```

函数首部在括弧内写 void,表示本函数没有形参,不需要进行数据传递。可以在 main() 函数中调用 creat 函数:
```c
main()
{ ...
    creat();    /* 调用 creat 函数后建立了一个单向动态链表 */
}
```
调用 creat 函数后,函数的值是所建立的链表的第一个节点的地址。
注意:
(1)第 1 行为#define 命令行,令 NULL 代表 0,用它表示"空地址"。第 2 行令 LEN 代表 struct student 类型数据的长度,sizeof 是"求字节数运算符"。

(2) 第9行定义一个 creat 函数,它是指针类型,即此函数带回一个指针值,它指向一个 struct student 类型数据。实际上此 creat 函数带回一个链表起始地址。

(3) malloc(LEN) 的作用是开辟一个长度为 LEN 的内存区,LEN 已定义为 sizeof (struct student),即结构体 struct student 的长度。malloc 带回的是不指向任何类型数据的指针(void *类型)。而 p1,p2 是指向 struct student 类型数据的指针变量,因此必须用强制类型转换的方法使指针的基类型改变为 struct student 类型,在 malloc(LEN) 之前加了"(struct student *)",它的作用是使 malloc 返回的指针转换为指向 struct student 类型数据的指针。注意" * "号不可省略,否则转换成 struct student 类型,而不是指针类型了。

(4) 最后一行 return 后面的参数是 head(head 已定义为指针变量,指向 struct student 类型数据)。因此函数返回的是 head 的值,也就是链表的头地址。

(5) n 是节点个数。

6.5.4 输出链表

将链表中各节点的数据依次输出。这个问题比较容易处理。例 6-7 中已初步介绍了输出链表的方法。首先要知道链表第一个节点的地址,也就是要知道 head 的值。然后设一个指针变量 p,先指向第一个节点,输出 p 所指的节点,然后使 p 后移一个节点,再输出,直到链表的尾节点。

【例 6-9】 编写一个输出链表的函数 print。
```
void print(struct student * head)
{  struct student * p;
   printf(" \nNow. These% d records are:\n",n);
   p = head;
   if ( head ! = NULL)
      do
      {  printf("% d% 5.1f\n",p -> num,p -> score);
         p = p -> next;
      } while ( p ! = NULL);
```

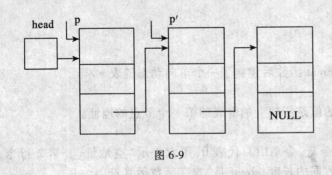

图 6-9

其过程可用图 6-9 表示。p 先指向第一节点,在输出完第一个节点之后,p 移到图中 p'位置,指向第二个节点。程序中 p = p -> next 的作用是将 p 原来所指向的节点中 next 的值赋给 p,而 p -> next 的值就是第二个节点的起始地址。将它赋给 p,就是使 p 指向第二个节点。

head 的值由实参传过来,也就是将已有的链表的头指针传给被调用的函数,在 print 函数中从 head 所指的第一个节点出发顺序输出各个节点。

6.5.5 对链表的删除操作

从一个链表中删除一个节点,只要改变链接关系即可,即修改节点指针成员的值。如图 6-10(a)为删除前的链表,假设需要删除的节点为学号 99103,删除后的情况如图 6-10(b)所示。如果要删除的是第一个节点,则如图 6-10(c)所示。

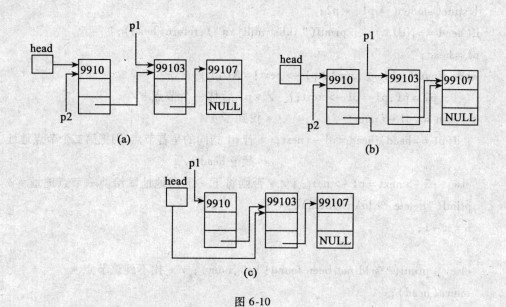

图 6-10

要在链表中删除指定节点,主要做两件事情:

(1)查找符合条件的节点;

(2)进行删除操作。

删除节点算法描述如下:

用指针 p1 指向删除节点,p2 指向前一个节点。

(1)"p1 = head;",从第一个节点开始查找需要删除的节点。

(2)当 p1 指向的节点不是满足删除条件的节点且没有到表尾时,移动指针 p1,继续查找。实现方法是:

p2 = p1;p1 = p1-> next;

(3)如果找到了要删除的节点,则:

p1 != NULL

如果 p1 == head 删除的是头节点,则:

head = head -> next;

否则:

p2-> next = p1-> next;

(4)"free(p1);",释放删除节点的内存。

【例6-10】 写一函数以删除动态链表中指定的节点。

删除节点的函数 del 如下:

```
struct student * del(struct student * head, long num)
{ struct student * p1, * p2;
if( head == NULL)   { printf(" \nlist null! \n") ; return( head) ;}
p1 = head;
while (num! = p1 -> num&&p1 -> next! = NULL)
    { p2 = p1; p1 = p1 -> next;}   /* p1 后移一个节点 */
if (num == p1 -> num)               /* 找到了 */
{ if(p1 == head) head = p1 -> next;/* 若 p1 指向的是首节点,则把第二个节点地址
                                       赋予 head */
else    p2 -> next = p1 -> next;   /* 否则将下一节点地址赋给前一节点地址 */
printf(" delete:% ld\n" , num);
n = n - 1;
}
else    printf("% ld not been found! \n" , num);   /* 找不到该节点 */
return( head);
}
```

函数的类型是指向 struct student 类型数据的指针,它的值是链表的头指针。函数参数为 head 和要删除的学号 num。head 的值可能在函数执行过程中被改变(当删除第一个节点时)。

在上面的程序中还考虑了链表是空表(无节点)和链表中找不到要删除的节点的情况。

6.5.6 对链表的插入操作

对链表的插入是指将一个节点插入到一个已有的链表中。

已有一个学生链表,各节点是按其成员项 num(学号)的值由小到大顺序排列的。现要插入一个新的节点,插入后,仍要求按学号的顺序排列。

为了能做到正确插入,必须解决两个问题:

(1) 找到插入的位置,如图 6-11(a)所示。
(2) 插入节点,如图 6-11(b)所示。
算法描述如下:
(1) 指针 head 表示头指针,p0 指向待插入的节点,p1 和 p2 一前一后指示插入点。最初 p1 = head。
(2) 移动指针:p2 = p1;p1 = p1 -> next 直到找到插入点。
(3) 插入节点:
① 如果插入点在表的中间,
  p2 -> next = p0;p0 -> next = p1;
② 如果插入点在第一个节点前,
  head = p0;p0 -> next = p1;
③ 如果插入点在表尾,
  p1 -> next = p0;p0 -> next = NULL;

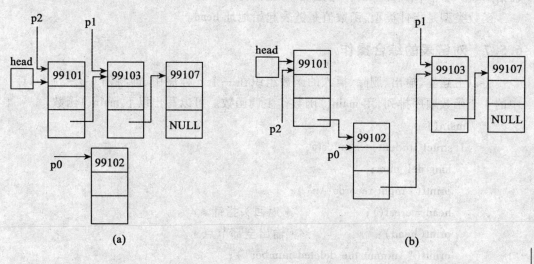

图 6-11

【例 6-11】 插入节点的函数 insert 如下。
```
struct student * insert(struct student * head, struct student * stud)
{   struct student * p0, * p1, * p2;
    p1 = head;              /* 使 p1 指向第一个节点 */
    p0 = stud;              /* p0 指向要插入的节点 */
    if( head == NULL)       /* 原来的链表是空表 */
      {head = p0;p0 -> next = NULL;}  /* 使 p0 指向的节点作为头节点 */
```

```
        else
         { while((p0 -> num > p1 -> num)&&(p1 -> next! = NULL))
           { p2 = p1;      p1 = p1 -> next;}       /* p1 后移一个节点 */
        if(p0 -> num < p1 -> num)
          { if(head == p1) head = p0;              /* 插到原来第一个节点之前 */
            else p2 -> next = p0;                  /* 插到 p2 指向的节点之后 */
            p0 -> next = p1;}
        else
          {p1 -> next = p0;p0 -> next = NULL;}}    /* 插到最后的节点之后 */
        n = n + 1;                                 /* 节点数加 1 */
        return(head);
     }
```

函数参数是 head 和 stud。stud 也是一个指针变量,从实参传来待插入节点的地址给 stud。语句 p0 = stud 的作用是使 p0 指向待插入的节点。

函数类型是指针类型,函数值是链表起始地址 head。

6.5.7 对链表的综合操作

将以上建立、输出、删除、插入的函数组织在一个 c 程序中,即将例 6-8 ~ 例 6-11 中的 4 个函数顺序排列,用 main() 函数作主调函数。可以写出以下 main() 函数。

```
main()
{ struct student * head,stu;
  long del_num;
  printf("input records:\n");
  head = creat();                              /* 返回头指针 */
  print(head);                                 /* 输出全部节点 */
  printf("\ninput the deleted number");
  scanf("%ld",&del_num);                       /* 输入要删除的学号 */
  head = del(head,del_num);                    /* 删除后链表的头地址 */
  print(head);                                 /* 输出全部节点 */
  printf("\ninput the inserted record:");      /* 输入要插入的节点 */
  scanf("%ld,%f",&stu.num,&stu.score);
  head = insert(head,&stu);                    /* 返回地址 */
  print(head);                                 /* 输出全部节点 */
}
```

此程序运行结果是正确的。它只删除一个节点,插入一个节点。但如果想再插入一个节点,重复写上面程序的最后4行,共插入两个节点。但运行结果却是错误的。

出现以上结果的原因是 stu 是一个有固定地址的结构体变量。第一次把 stu 节点插入到链表中。第二次若再用它来插入第二个节点,就把第一次节点的数据冲掉了。实际上并没有开辟两个节点。读者可根据 insert 函数画出此时链表的情况。为了解决这个问题,必须在每插入一个节点时新开辟一个内存区,需要修改 main() 函数,使之能删除多个节点(直到输入要删的学号为0),能插入多个节点(直到输入要插入的学号为0)。

修改后的 main() 函数如下:

```
main()
{   struct student *head, *stu;
    long del_num;
    printf("input records:\n");
    head = creat();
    print(head);
    printf("\ninput the deleted number:");
    scanf("%ld",&del_num);
    while(del_num!=0)
       {   head = del(head,del_num);
           print(head);
           printf("input the deleted number:");
           scanf("%ld",&del_num);}
    printf("\ninput the inserted record:");
    stu = (struct student *) malloc(LEN);
    scanf("%ld,%f",&stu->num,&stu->score);
    while(stu->num!=0)
       {   head = insert(head,stu);
           print(head);
           printf("input the inserted record:");
           stu = (struct student *)  malloc(LEN);
           scanf("%ld,%f",&stu->num,&stu->score);
       }
}
```

stu 定义为指针变量,在需要插入时先用 malloc 函数开辟一个内存区,将其起始地址经强制类型转换后赋给 stu,然后输入此结构体变量中各成员的值。对不同的插入对象,stu 的值是不同的,每次指向一个新的 struct student 变量。在调用 insert 函数时,实参为 head 和 stu,将已建立的链表起始地址传给 insert 函数的形参,将 stu(即新开辟的单元的地址)传给形参 stud,返回的函数值是经过插入之后的链表的头指针(地址)。

结构体和指针的应用领域很宽广,除了单向链表之外,还有环形链表、双向链表。此外还有队列、树、栈、图等数据结构。有关这些问题的算法可以学习"数据结构"课程,在此不作详述。

6.6 共 用 体

6.6.1 共用体的概念

共用体与结构体类似,也是一种由用户自定义的数据类型,也可以由若干种数据类型组合而成。组成共用体数据的若干个数据也称为成员。与结构型不同的是,共用型数据中所有成员只占用相同的内存单元,设置这种数据类型的主要目的就是节省内存。

例如,在一个函数的三个不同的程序段中分别使用了字符型变量 c、整型变量 i、单精度型变量 f,可以把它们定义成一个共用型变量 u,u 中含有三个不同类型的成员。此时,一共只给三个成员分配 4 个内存单元,3 个成员之间的对应关系如图 6-12 所示。

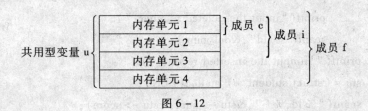

图 6-12

由图 6-12 可知,u 变量的三个成员是不能同时使用的,因为修改其中任何一个成员的值,其他成员的值将随之改变。还可以看出,一个共用型结构所占用的内存单元数目等于占用单元数最多的那个成员的单元数目。对 u 变量来说,占用的内存单元数是其中成员 f 占用的单元数,等于 4,而作为三个独立的变量所占用的内存单元数为 7,可省 3 个内存单元。

这种使用几个不同的变量共占同一段内存的结构,称为"共用体"类型的结构。

定义共用体类型的方法如下:

union 共用体名

{ 数据类型 1 　成员名 1;

　数据类型 2 　成员名 2;

数据类型 3　　成员名 3；
　　　　…
　　数据类型 n　　成员名 n；
}变量表列；

其中：

(1)共用体名是用户取的标识符。

(2)数据类型通常是基本数据类型，也可以是结构型、共用型等其他类型。

(3)成员名是用户取的标识符，用来标识所包含的成员名称。

该语句定义了一个名为"共用体名"的共用类型，该共用型中含有 n 个成员，每个成员都有确定的数据类型和名称。这些成员将占用相同的内存单元。

例如，为了节省内存，可以将不同时使用的三个数组定义在如下的一个共用型中，总计可节省 300 个单元：

```
union example
    {   char a[100];      /*该成员占用100个存储单元*/
        int b[100];       /*该成员占用200个存储单元*/
        float c[100];     /*该成员占用400个存储单元*/
    };                    /*该共用型数据共占用400个存储单元*/
```

需要注意的是，共用型数据中每个成员所占用的内存单元是连续的，而且都是从分配的连续内存单元中第一个内存单元开始存放。所以，对共用体型数据来说，所有成员的首地址是相同的。这是共用型数据的一个特点。

6.6.2　共用型变量的定义

当定义了某个共用型后，就可以使用它来定义相应共用体类型的变量、数组、指针。方法如下：

(1)先定义共用型，然后定义变量、数组；

```
union exam
    {   int i;
        char ch;
        float f;
    };
union exam a, m[3];
```

(2)同时定义共用型和变量、数组；

```
union exam
    {   int i;
        char ch;
```

float f;

} u, m[3];

(3) 定义无名称的共用型同时定义变量、数组。

union

{ int i;

char ch;

float f;

} u, m[3];

特别提醒读者注意的是,由于共用型数据的成员不能同时起作用,因此,对共用型变量、数组的定义不能赋初值,只能在程序中对其成员赋值。

6.6.3 共用型变量的引用

只有先定义了共用体变量才能引用它,而且不能引用共用体变量,而只能引用共用体变量中的成员。例如,前面定义了 u 为共用体变量,下面的引用方式是正确的:

  u.i   (引用共用体变量中的整型变量 i)

  u.ch   (引用共用体变量中的字符变量 ch)

  u.f   (引用共用体变量中的实型变量 f)

不能只引用共用体变量,例如:

  printf("%d",u);

是错误的,u 的存储区有好几种类型,分别占不同长度的存储区,仅写共用体变量名 u,难以使系统确定究竟输出的是哪一个成员的值。应该写成 printf("%d",u.i) 或 printf("%c",u.ch) 等。

【例 6-12】 写出下列程序的输出结果。

```
#include "stdio.h"
main()
{ union
  {unsigned int n;
   unsigned char c;
  }u1;
u1.c = 'A';
printf("%c\n",u1.n);
}
```

运行结果为:

A

6.6.4 共用体类型数据的特点

在使用共用体类型数据时要注意以下一些特点:

(1) 同一个内存段可以用来存放几种不同类型的成员,但在每一瞬时只能存放其中一种,而不是同时存放几种。也就是说,每一瞬时只有一个成员起作用。

(2) 共用体变量中起作用的成员是最后一次存放的成员,在存入一个新的成员后原有的成员就失去作用。

(3) 共用体变量的地址和它各成员的地址都是同一地址。例如:&u,&u.i,&u.ch,&u.f 都是同一地址值,其原因是显然的。

(4) 不能对共用体变量名赋值,也不能企图引用变量名来得到一个值,又不能在定义共用体变量时对它初始化。例如,下面这些都是不对的:

① union
  { int i;
    char ch;
    float f;
  } u = {1,'a',1.5}; (不能初始化)

② u = 1;   (不能对共用体变量赋值)

③ m = u;   (不能引用共用体变量名以得到一个值)

(5) 不能把共用体变量作为函数参数,也不能使函数带回共用体变量,但可以使用指向共用体变量的指针(与结构体变量这种用法相仿)。

(6) 共用体类型可以出现在结构体类型定义中,也可以定义共用体数组。反之,结构体也可以出现在共用体类型定义中,数组也可以作为共用体的成员。

6.6.5 共用体变量的应用

【例6-13】 假设研究生与导师有如下所示数据结构:

研究生:编号、姓名、身份、总分
导 师:编号、姓名、身份、职称

如果将研究生与导师存放于同一种数据结构中进行处理,即结构体数据类型,那么,总分与职称数据的保存就只能用共用体了,下面对其数据结构进行描述:

```
union condition
{   float score;
    char profession;
};
struct person
{   int num;
```

```
        char name[20];
        char kind;
        union profession state;
} personnel[30];
```

结构体成员 state 为共用体,根据 kind 的值来决定是存放研究生的分数,还是存放导师的职称。如果 kind 的值为"t",表示导师,如果 kind 的值为"s",则表示研究生。

下面是该结构数据的输入与输出显示程序清单:

```
#include "stdio.h"
#include "conio.h"
#include "string.h"
union condition
{   float score;
    char profession[10];
};
struct person
{   int num;
    char name[20];
    char kind;
    union condition state;
} personnel[30];
void main()
{ int i,j;
    for (i=0;i<3;i++)
        {   puts("");
    puts("Enter num:");
    scanf("%d",&personnel[i].num);
    puts("Enter name:");
    scanf("%s",personnel[i].name);
    puts("Enter kind:");
    scanf("%c",&personnel[i].kind);
    if (personnel[i].kind == 't')
        {   puts("Enter profession:");
            scanf("%s",personnel[i].state.profession);    }
```

```
        else
          { puts("Enter score:");scanf("%f",&personnel[i].state.score);}
    }
    for(i=0;i<30;i++)
      { printf("num:%d",personnel[i].num);
        printf("name:%s",personnel[i].name);
        printf("kind:%c",personnel[i].kind);
        if(personnel[i].kind=='t')
            printf("profession:%s",personnel[i].state.profession);
        else
            printf("score:%f",personnel[i].state.score);
      }
}
```

程序中向共用体输入什么数据是根据 kind 成员的值来确定的。kind 的值为"t",则输入字符串到 personnel[i].state.profession,否则输入研究生的分数到 personnel[i].state.score。

6.7 枚 举 类 型

枚举类型是 ANSI C 新标准所增加的。

如果一个变量只有几种可能的值,可以定义为枚举类型。所谓"枚举"是指将变量的值一一列举出来,变量的值只限于列举出来的值的范围内。枚举类型定义的一般形式为:

enum 枚举类型名(标识符1,标识符2,…,标识符n);

例如,定义一个枚举类型和枚举类型变量如下:

enum colorname {red,yellow,blue,white,black};

enum colorname color,color_1;

color 和 color_1 被定义为枚举变量,它们的值只能是 red 到 black 之一。例如:

color = red;

color_1 = black;

是正确的。

当然,也可以直接定义枚举变量,如:

enum   {red,yellow,blue,white,black} color,color_1;

其中 red,yellow,…,black 等称为枚举元素或枚举常量。它们是用户定义的标识符。

说明：

(1) enum 是关键字，标识枚举类型，定义枚举类型必须以 enum 开头。

(2) 枚举元素不是变量，不能改变其值。例如下面的赋值是错误的：

red = 0; yellow = 1;

但枚举元素作为常量，它们是有值的，C 语言编译按定义时的顺序使它们的值为 0, 1, 2, …。

在上面定义中, red 的值为 0, yellow 的值为 1……black 的值为 5。如果有赋值语句：

color = yellow

则 color 变量的值为 1。这个整数是可以输出的。如：

printf("%d", color);

将输出整数 1。

也可以改变枚举元素的值，在定义时由程序员指定，如：

enum colorname {red = 5, yellow = 1, blue, white, black};

定义 red 为 5, yellow = 1, 以后顺序加 1, black 为 4。

(3) 枚举值可以用来做判断比较。如：

if(color == red) …

if(color > yellow) …

枚举值的比较规则是按其在定义时的顺序号比较。如果定义时未人为指定，则第一个枚举元素的值认作 0, 故 yellow > red。

(4) 一个整数不能直接赋给一个枚举变量。如：

color = 2;

是不对的。它们属于不同的类型。应先进行强制类型转换才能赋值。如：

color = (enum colorname)2;

它相当于将顺序号为 2 的枚举元素赋给 color, 相当于：

color = blue;

甚至可以是表达式。如：

color = (enum colorname)(5 - 2);

【例 6-14】　口袋中有红、黄、蓝、白、黑 5 种颜色的球若干个。每次从口袋中先后取出 3 个球，问得到 3 种不同色的球的可能取法，打印出每种排列的情况。

球只能是 5 种色之一，而且要判断各球是否同色，应该用枚举类型变量处理。

设取出的球为 i, j, k。根据题意, i, j, k 分别是 5 种色球之一, 并要求 i≠j≠k。可以用穷举法，即一种可能一种可能地试，看哪一组符合条件。

用 n 累计得到 3 种不同色球的次数。外循环使第 1 个球 i 从 red 变到 black。中循环使第 2 个球 j 也从 red 变到 black。如果 i 和 j 同色则不可取, 只有 i, j 不同色(i≠j)时才需要继续找第 3 个球, 此时第 3 个球 k 也有 5 种可能(red 到 black), 但要求第 3 个球不能与第 1 个球或第 2 个球同色,即 k≠i,k≠j。满足此条件就得到 3 种不同色的球。输出这种 3 色组合方案,然后使 n 加 1。外循环全部执行完后,全部方案就已输出完了。最后输出总数 n。

这里有一个问题:如何输出"red"、"blue"……等单词。不能写成 printf("%s",red)来输出"red"字符串。

为了输出 3 个球的颜色,显然应经过 3 次循环,第 1 次输出 i 的颜色,第 2 次输出 j 的颜色,第 3 次输出 k 的颜色。在 3 次循环中先后将 i,j,k 赋予 pri。然后根据 pri 的值输出颜色信息。在第 1 次循环时,pri 的值为 i,如果 i 的值为 red,则输出字符串"red",其他的类推。

程序如下:

```
main()
{ enum color{red,yellow,blue,white,black};
  enum color i,j,k,pri;
  int n,loop;
  n=0;
  for(i=red;i<=black;i++)
  for(j=red;j<=black;j++)
      if(i!=j)
      { for(k=red;k<=black;k++)
           if((k!=i)&&(k!=j))
           { n=n+1;
             printf(" \n%-4d",n);
             for(loop=1;loop<=3;loop++)
             { switch(loop)
               { case 1:pri=i; break;
                 case 2:pri=j; break;
                 case 3:pri=k; break;
                 default:break;
               }
               switch(pri)
               { case red:   printf("%-10s","red");   break;
                 case yellow:printf("%-10s","yellow"); break;
                 case blue:  printf("%-10s","blue");  break;
                 case white: printf("%-10s","white"); break;
                 case black: printf("%-10s","black"); break;
```

                              default: break;
                          }
                      }
                  }
              }
    printf("\ntotal:%5d\n",n);
}

运行结果如下：
    1   red   yellow   blue
    2   red   yellow   white
    3   red   yellow   black
   …   …   …   …
    58   black   white   red
    59   black   white   yellow
    60   black   white   blue
    total: 60

有人说，不用枚举变量而用常数 0 代表"红"，1 代表"黄"……不也可以吗？是的，完全可以。但显然用枚举变量更直观，因为枚举元素都选用了令人"见名知意"的标识符，而且枚举变量的值限制在定义时规定的几个枚举元素范围内。如果赋予它一个其他的值，就会出现出错信息，这样就便于检查。

6.8 用 typedef 定义

除了可以直接使用 C 提供的标准类型名(如 int，char，float，double，long 等)和自己声明的结构体、共用体、指针、枚举类型外，还可以用 typedef 声明新的类型名来代替已有的类型名。特别是对结构体、共用体或枚举类型，使用它们定义或说明变量时不必再冠以类型类别关键字，下面分别给出 C 中 typedef 在类型定义中的几种形式：

1. 进行简单的名字替换

```
typedef int INTEGER;
typedef float REAL;
```

指定用 INTEGER 代表 int 类型，REAL 代表 float。这样，以下两行等价：
① int i,j;   float x,y;
② INTEGER i,j;REAL x,y;

2. 用一个类型名代表一个结构体类型

```
typedef struct
{
  int num;
  char name[20];
  float score;
}STUDENT;
```

此时 STUDENT 表示一个结构体类型的名字,可以用 STUDENT 来定义此结构体类型的变量。

STUDENT stu1,stu2,*p;

这样定义了 stu1,stu2 为结构体变量,p 为结构体类型指针变量,且省去了 struct 结构体名,一定程度上简化了程序。同理,对共用体与枚举类型同样可行。

3. 进行数组类型定义

```
typedef int COUNT[20];
COUNT x,y;
```

此处定义了 COUNT 为整型数组类型,x,y 为整型数组类型 COUNT 变量,且各有 20 个数组元素。

4. 进行指针类型

```
typedef char *STRING;
STRING p1,p2,p[10];
```

此处定义 STRING 为字符指针类型,p1,p2 为字符指针变量,p 为字符指针数组。

需要指出的是用 typedef 定义类型,只是为已有类型命名别名。作为类型定义,它只定义数据结构,并不要求分配存储单元。用 typedef 定义的类型来定义变量与直接写出变量的类型定义具有相同的效果。

归纳起来,用 typedef 进行类型定义有两方面的作用：
(1)进行类型标识符的替代,转化为读者熟悉的其他语言格式；
(2)简化类型定义,如结构体、共用体类型的定义。

思考题六

6.1 定义一个结构体变量(包括年、月、日)。计算该日在本年中是第几天？注意闰年问题。

6.2 用下列结构描述复数信息:
struct complex
{   int real;
     int im;
};
试写出两个通用函数,分别用来求两复数的和与积。其函数原型分别为:
　　struct complex cadd(struct complex creal, struct complex cim);
　　struct complex cmult(struct complex creal, struct complex cim);
即参数和返回值用结构变量。

6.3 输入20本书的名称、单价、作者和出版社,按书名进行排版和输出。

6.4 有10名学生,每名学生的数据包括学号、姓名、3门课的成绩。从键盘输入10名学生数据。要求打印出3门课总平均成绩,以及最高平均分的学生的数据(包括学号、姓名、3门课成绩、平均分数)。

6.5 已知a,b两个按学号升序排列的链表,每个链表中的节点包括学号、成绩。要求把两个链表合并,合并后的链表还是按学号升序排列。

6.6 建立一个链表正向输入1,2,3,4,5,反向输出5,4,3,2,1。输入与输出分别用函数实现。

6.7 已知枚举类型定义如下:
enum color{red, yellow, blue, green, white, black};

从键盘输入一整数,显示与该整数对应的枚举常量的英文名称。

第七章 类与对象及封装性

【学习目的与要求】

通过本章的学习,学生应掌握什么是类,什么是对象,类与对象是什么关系,学会使用C++去定义类及对象的生成。更重要的是应深刻领会类的封装性。

7.1 类的抽象

在现实世界中,任何一个实体都可以看成是一个对象。比如:一个人、一部车、一张桌子。一个对象具有如下两个方面的要素:

- 对象的属性:是实体自身所具有的性质。如一个具体的人,他有身高、体重等特征。
- 对象的方法:是实体自身所拥有的操作。如一个具体的人,他可以有走、说话等动作。

把这些对象按照上述两个方面去进行归纳与抽象定义后所产生的概念就是类的概念,所以,类是具体对象的一个抽象的定义。如张三、李四、王五是一个个具体的人,这里的"人"就是类的概念,而张三、李四、王五就是"人"类的对象。由此看出,对象是按照类的抽象定义的框架产生的,也就是说,类是这一类的对象的生成模型。

面向对象的程序设计是通过对象的使用去完成应用程序的,而对象使用之前就要有对象的生成,而对象的生成就要有类的抽象定义。所以,类是面向对象编程的基础。

类是对某一类型的对象的抽象,其中关键的是如何进行抽象,这是一个抽象角度的问题,这个角度取决于应用程序去使用其对象的角度。因此,只需要对应用程序所关心或所感兴趣的对象的属性与方法进行提取并实现,而那些无关的、应用程序不需要的成分要予以舍弃,这才是真正意义的类的抽象。

7.2 类的定义与对象的生成

类定义了一种新的类型结构,可以用来生成对象变量。定义一个类时,首先,要定义它的属性数据,在C++中称为成员数据;其次,要定义对这些属性数据进行操作的方法,在C++中称为成员函数。

下面以队列 Queue 类为例来说明类的定义,它能存取存放在队列中的整型数据,其C++的定义如下:
```
class Queue
  { int QueueSize[100];          //用来存放整型数据
    int Rloc,Sloc;               //分别用来指示队列的头与尾
  public:
    void Init();                 //用来初始化队列
    void Put(int i);             //入队
    int Get();                   //出队
};
```
其中变量 QueueSize,Sloc,Rloc 是私有变量。之所以称为私有,意味着它们只能由 Queue 类的成员函数来访问,而不能由程序的其他任何部分来访问。

要使类的一部分成为公有,就必须在 public 关键字后声明这部分内容。声明于 public 标识符后面的函数和变量都可由程序的其他函数来访问。

实现一个类的成员函数,必须通过用类名限定函数名来告知编译器这个函数属于哪个类。例如:
```
void Queue::Put(int i)
{ if(Sloc == 100)
    { cout << "Queue is full";
      return;
    }
  Sloc++;
  QueueSize[Sloc] = i;
};
```
"::"是作用域运算符。从根本上讲,它告知编译器函数 Put() 属于 Queue 类,即它是 Queue 类的一个成员函数。下面是 Queue 类的完整定义。
```
class Queue
{ int QueueSize[100];
  int Rloc,Sloc;
public:
  void Init();
  void Put(int i);
  int Get();
};
//类 Queue 的初始化
void Queue::Init()
```

```cpp
    Rloc = Sloc = 0;
}
//把一个整数放入 Queue 中
void Queue::Put( int i)
{  if( Sloc == 100 )
      { cout << " Queue is full";
        return;
      }
   Sloc ++ ;
   QueueSize[ Sloc ] = i;
 }
//从 Queue 中取出一个整数
int Queue::Get()
{
if( Rloc == Sloc)
{ cout << " Queue is null";
    return 0;
}
Rloc ++ ;
return QueueSize[ Rloc ];
}
```

一旦生成了一个类,类名就成了一种新的数据类型标识符,就可以用这个类名来生成一个个的对象了。例如:

Queue Q1,Q2;

它生成了 Queue 类的两个对象:Q1 和 Q2。由此可知,类相当于是用户创建的一种新的数据类型,而对象只是由类定义的这种数据类型的变量而已。

一个类的对象生成后,就拥有了属于自己的数据副本,如 Q1 和 Q2 各自拥有属于自己的独立的 QueueSize,Sloc,Rloc 数据。这样,对 Q1 的使用,其效果只会发生在 Q1 这个对象上,而不会影响到 Q2 这个对象,Q1 和 Q2 之间的惟一关系只是它们都是同一类 Queue 的对象。

【例 7-1】 请看下列程序:
```cpp
#include <iostream.h>
//插入上面的 Queue 类的代码
main()
{
   Queue Q1,Q2; //产生两个类 Queue 的对象
```

```
    Q1.Init();//Q1 初始化
    Q2.Init();//Q2 初始化
    Q1.Put(10);//把一些整数分别放入队列 Q1,Q2 中
    Q1.Put(11);
    Q2.Put(19);
    Q2.Put(20);
    //从队列 Q1,Q2 中分别取出这些整数
    cout << "Contents of queue Q1: ";
    cout << Q1.Get() << " ";
    cout << Q1.Get() << "\n";
    cout << "Contents of queue Q2: ";
    cout << Q2.Get() << " ";
    cout << Q2.Get() << "\n";

    return 0;
}
```

这个程序显示下列结果：
Contents of queue Q1: 10 11
Contents of queue Q2: 19 20

成员函数只能相对于某一个具体的对象来调用。例如：
Q2.Init();
从显示的结果中看出，Q2 的初始化不会影响到 Q1 的初始化，它调用成员函数 Init() 只对 Q2 的数据副本进行初始化的工作。

在一个类中，它的一个成员函数调用它的另一个成员函数时，可以直接地进行，而不必使用点运算符。

【例 7-2】 考虑下面的程序：
```
#include <iostream.h>
class Myclass
{   int a;
    public:
    int b;
    vid Set_ab(int i);
    int Get_a();
    void Reset();
```

```cpp
};
void Myclass::Set_ab(int i)
{    a = i;
     b = i * i;
}
int Myclass::Get_a()
{    return a;
}
void Myclass::Reset()
{    Set_ab(0);
}
main()
{
     Myclass Myobj;

     Myobj.Set_ab(5);
     cout << "after Set_ab(5):" << "\n";
     cout << "a = " << Myobj.Get_a() << " , ";
     cout << "b = " << Myobj.b << "\n";

     Myobj.b = 20;
     cout << "after Myobj.b = 20:" << "\n";
     cout << "a = " << Myobj.Get_a() << " ,";
     cout << "b = " << Myobj.b << "\n";

     Myobj.Reset();
     cout << "after Myobj.Reset():" << "\n";
     cout << "a = " << Myobj.Get_a() << " , ";
     cout << "b = " << Myobj.b << "\n";

     return 0;
}
```

程序运行结果：
after Myobj.Set_ab(5):
a = 5 , b = 25

after Myobj.b = 20：
a = 5 ，b = 20
after Myobj.Reset()：
a = 0 ，b = 0

Myclass 的成员数据与成员函数是如何被访问的呢？

(1) Set_ab() 是 Myclass 的一个成员函数，它直接引用 a 和 b，无需显式地引用一个对象，也不必使用点运算符。

(2) a 是 Myclass 的私有变量，而 b 是公有的，b 可由 Myclass 外部的代码来访问，而 a 是不能像 b 那样被外部代码访问的。

(3) Reset() 是 Myclass 的一个成员函数，它引用类的另一个成员函数 Set_ab()，无需显式地引用一个对象，也不必使用点运算符。

从以上分析得出：类的成员在类的外面被引用时，就必须用对象来限定，并且它们要被声明为公有成员。而成员函数可直接引用类的其他成员，不管是公有成员还是私有成员。

至此，需要领会类的第一个重要特征：即类的封装性，这是面向对象程序设计的一个重要机制。

一般说来，一个类的成员数据都可以定义为私有，外部代码可以通过公有的成员函数对它们进行访问。实际上，当使用者要使用对象时，看到的是对象的公有成员函数，对象的公有成员函数就好像给使用者提供了一个调用接口，使用者只需知道这些公有成员函数是怎样被调用的就足够了，而对象的实现细节对使用者来说是透明的。所以，类的封装（也叫信息隐藏），是把一个对象的实现细节从它所提供的服务中进行隐藏，把对象的外部特征与内部细节分开。也就是说，外部特征是外部代码或其他对象可以访问的，而内部细节对外部代码或其他对象来说是隐藏的，它隐藏了一个对象是如何工作的。

封装的目的是把对象的使用者与对象的设计者分开，这样当一个对象的内部实现被修改后，就不会影响使用该对象的应用程序。这种封装所达到的效果是当使用对象时，不必知道对象的内部是怎样实现的，只需关心对象提供了什么样的公有成员函数。

7.3 构造函数和析构函数

一般情况下，对象在使用之前必须有一个初始化的过程。例如前面开发的 Queue 类，由它生成的队列对象，在使用前，变量 Rloc 和 Sloc 必须设置为零。前面的例子是由它的成员函数 Init() 来实现的。

C++ 允许在对象生成时就能自动初始化该对象，这种自动的初始化是使用构造函数来实现的。构造函数是一种特殊的函数，它是类的一个成员函数，并与类有同样的名字,并且,构造函数是一个在对象生成的时候被调用的函数。

注意下面程序中的构造函数 Queue() 没有返回类型。C++ 中,构造函数不返回值。

与构造函数相对应的是析构函数。在许多情况下,在对象被删除时还需要它来进行一些操作。例如,对象需要把动态分配给它的内存释放。析构函数同构造函数同名,但前面加一个"~",析构函数是在对象被删除时自动被调用的函数。和构造函数一样,析构函数没有返回类型。

【例 7-3】 演示构造函数和析构函数是如何工作的。

```
#include <iostream.h>
class Queue
{   int QueueSize[100];
    int Sloc,Rloc;
    public:
    Queue();      //构造函数 constructor
    ~Queue();     //析构函数 destructor
    void Put(int i);
    int Get();
};
Queue::Queue()
{   Sloc = Rloc = 0;
    cout << "Queue initialized\n";
}
Queue::~Queue()
{   cout << "Queue destroyed\n";
}
void Queue::Put(int i)
{   if(Sloc == 100)
       { cout << "Queue is full";
         return;
       }
    Sloc++;
    QueueSize[Sloc] = i;
}
int Queue::Get()
{   if(Rloc == Sloc)
       { cout << "Queue is null";
         return 0;
```

```
        }
        Rloc ++ ;
        return QueueSize[ Rloc ] ;
}
main()
{   Queue Q1 ;
    Q1. Put( 10 ) ;
    cout << Q1. Get() << " \n " ;
    return 0 ;
}
```

程序运行结果：
Queue initialized
10
Queue destroyed

构造函数可以有参数，这就可以在对象生成时由程序给出成员变量的初值，向对象的构造函数传递参数来完成。

【例 7-4】 演示参数化的构造函数是怎样传递参数的。

```
#include < iostream. h >
class Queue
{    int QueueSize[ 100 ] ;
     int Sloc , Rloc ;
     int ID ;              //表示队列号
public :
       Queue( int id ) ;   //参数化的构造函数
        ~ Queue() ;
        void Put( int i ) ;
        int Get() ;
} ;
Queue : : Queue( int id )
{    ID = id ;
     Sloc = Rloc = 0 ;
     cout << " Queue " << ID << " initialized \n " ;
}
Queue : : ~ Queue()
```

```
        cout << " Queue" << ID << " destroyed \n";
    }
    void Queue::Put( int i)
    { if( Sloc = = 100 )
        { cout << "Queue is full";
            return;
        }
      Sloc + + ;
      QueueSize[ Sloc ] = i;
    };
    int Queue::Get()
    {
    if( Rloc = = Sloc )
    { cout << "Queue is null";
        return 0;
    }
    Rloc + + ;
    return QueueSize[ Rloc ];
    }
    main()
    {
    Queue Q1(1), Q2(2);
    Q1. Put(10);
    Q2. Put(20);
    cout << " Q1. Get() << " \n";
    cout << " Q2. Get() << " \n";
    return 0;
    }

程序运行结果:
Queue 1 initialized
Queue 2 initialized
10
20
Queue 2 destroyed
Queue 1 destroyed
```

变量 ID 用来保存标识队列的 ID 号,其实际值由在生成 Queue 类的对象变量时,在 ID 中传给构造函数的值来确定。与 Q1 相联系的队列给了一个 ID 号 1,与 Q2 相联系的队列给了一个 ID 号 2。

注意:析构函数是没有参数的,因为向一个被删除的对象传递参数是没有意义的。

7.4 构造函数的重载

就函数性质而言,构造函数和其他类型的函数是没有多大区别的,因此构造函数也可以重载。要重载一个类的构造函数,只需声明构造函数可能有的不同形式及它的具体实现。

【例 7-5】 设计一个倒计时的定时器,给它一个初始值作为它的定时时间,定时器便开始倒计时,当它的定时时间倒计为零时就响铃提示。

为此,声明了一个 Timer 类,这样它的构造函数就可以被重载,允许它的定时时间可以是一个整数或一个字符串来指定为秒数,或者以两个整数来指定为分和秒。下面是它的 C++ 程序:

```
#include  <iostream.h>
#include  <stdlib.h>
#include  <time.h>
class Timer
{   int seconds;
public:
    //由一个字符串来指定定时器的定时时间
    Timer( char  * t) { seconds = atoi(t); }
    //由一个整数来指定定时器的定时时间
    Timer( int t) { seconds = t;}
    //由两个整数来指定定时器的定时时间(分,秒)
    Timer( int min, int sec){ seconds = min * 60 + sec;}
    void run();
};

// 下面使用标准库函数 clock(),返回程序开始运行以来系统时钟走过的时间
//   除以 CLOKS_PER_SEC 后,是把 clock() 的返回值转换为秒数
// clock() 的原型和 CLOCKS_RER_SEC 的定义在头文件 time.h 中
```

```
void timer::run()
{  clock_t t1,t2;
   t1 = clock();
while( seconds)
   {  if ( (t1/CLOCKS_PER_SEC+1)<=((t2=clock())/CLOCKS_PER_SEC))
      {  seconds--;
         t1 = t2;
      }
   }
}
cout << "Time is over\n"
cout << " \a";//ring the bell
}

main()
{  Timer a(10),b("20"),c(1,10);
   a.run();//定时为 10 秒
   b.run();//定时为 20 秒
   c.run();//定时为 70 秒
   return 0;
}
```

可以看到,三个定时器对象 a,b,c 在 main()内生成时,它们按照其重载的构造函数所支持的三种不同方法而生成,且分别给出了不同的初值。所以,构造函数的重载,就使程序员在生成对象时,能从中选择最适合的形式(或最熟悉的形成)来产生其对象。

7.5 对象指针

使用实际的对象本身时,访问对象的元素就要使用点运算符;而使用对象指针去访问一个指定的对象元素时,必须使用箭头运算符。

要声明一个对象指针,使用与声明其他任何数据类型指针一样的语法。例 7-6 定义了一个简单的类 P_example,生成了一个类的对象 ob,并定义一个指向类型 P_example 的对象指针 p。程序接着演示怎样直接访问 ob 和怎样使用指针来间接地访问它。

【例 7-6】
#include < iostream.h >

```
class P_example
{   int num;
  public;
    void set_num(int val) { num = val; }
    void show_num();      { cout << num << "\n"; }
};
main()
{ P_example ob, *p;
  ob.set_num(1);
  ob.show_num();
  p = &ob;
  p -> show_num();
  return 0;
}
```

注意 ob 的地址是使用 &（地址）运算符来获得的，这和获得其他任何变量类型地址的方式一样。当指向对象的指针加 1 或减 1 时，指针指向是下移或上移一个对象位置。这里改写上面的例子，使 ob 成为类型 P_example 的二元数组。注意 p 是怎样加 1 和减 1 来访问数组中两个元素的。

```
#include <iostream.h>
class P_example
{   int num;
  public;
    void set_num(int val) { num = val; }
    void show_num();      { cout << num << "\n"; }
};
main()
{
P_example ob[2], *p;
ob[0].set_num(10);
ob[1].set_num(20);
p = &ob[0];
p -> show_num();
p++;
p -> show_num();
```

```
    p--;
    p->show_num();
    return 0;
}
```

程序运行结果：
10
20
10

思考题七

7.1 怎样理解类与对象的含义？类与对象的关系是什么？
7.2 怎样理解类的抽象与封装？
7.3 类的构造函数与析构函数的各自用途是什么？
7.4 请描述类的一般结构。
7.5 写出下列程序运行的结果。

```
#include <iostream.h>
class Cat
{
public:
    int GetAge();
    void SetAge(int age);
    void Meow();
protected:
    int itsAge;
};
int Cat::GetAge()
{ return itsAge;
}
void Cat::SetAge(int age)
{ itsAge = age;
}
void Catt:Meow()
{ cout << "Meow.\n";
}
```

```
void main()
{
    Cat frisky;
    Frisky.SetAge(5);
    Frisky.Meow();
    Cout << "frisky is a cat who is"
        << frisky.GetAge()
        << " years old. \n";
    frisky.Meow();
}
```

7.6 定义一个满足如下要求的 Date 类。
(1)用下面的格式输出日期:日／月／年。
(2)在日期上进行加一天的操作。
(3)设置日期。

第八章 类的深入

【学习目的与要求】

本章继续对类进行深入讨论。学生应进一步掌握友元函数的使用,深入理解传递对象给函数和函数返回对象所产生的一系列问题及解决的方法。

8.1 友元函数

为了使一个非成员函数可以访问类的私有成员,可以把一个函数声明为类的友元,就允许它访问类的私有成员,只需把其原型包含在类的 public 部分里,并以关键字 friend 开头。

【例 8-1】 下面是一个使用友元函数访问 MyClass 私有成员的简短例子。

```
#include <iostream.h>
class MyClass
{    int a,b;
  public:
     MyClass(int i,int j)    { a=i;b=j;}
     friend int Sum(MyClass x);
};
int Sum(MyClass x)
{    return x.a + x.b;
}
main()
{
MyClass n(3,4);
cout << Sum(n);
return 0;
}
```

例 8-1 中,Sum()函数不是 MyClass 的成员函数,但它仍然能完成访问 MyClass 的私有成员数据。注意:因为它不是一个类的成员函数,从语法上看,友元函数与普通函数一样,也就不要使用对象名来限定它的使用。

例 8-1 中的友元函数只用在一个类中,似乎它只是提供一个非成员函数访问私有成员数据的机制。其实不然,一个友元函数可以应用在多个类中。在某一时刻,当应用程序要对多个类的某些共同状态进行处理时,当然可以一个个地分别去调用这些类的相应的成员函数去进行处理,其调用次数至少是这些类的个数。而采用友元函数这一机制,就只要调用友元函数一次。就是说,让一个函数成为这些类的友元函数,把这些类作为该友元函数的参数,然后在该友元函数中一次性集中对这些类进行处理,也就是说,使用友元就允许生成更有效率的代码。如例 8-2 所示。

【例 8-2】
```
#include    <iostream.h>
const int IDLE = 0;        //表示空闲
const int INUSE = 1;       //表示忙
class C2;                  //提前引用 C2
class C1
{   int status;            //表示该类的状态
    //...
    public:
       void set_status(int state);
       friend int idle(C1 a, C2 b);   //友元函数
};
class C2
{   int status;
    //...
    public:
       void set_status(int state);
       friend int idle(C1 a, C2 b);
};
void C1::set_status(int state)
{   status = state;
}
void C2::set_status(int state)
{   status = state;
}
int idle(C1 a, C2 b)
{
    if (a.status || b.status)    return 0;
```

```
        else return 1;
    }
    main()
    {
        C1 x;
        C2 y;
        x.set_status(IDLE);
        y.set_status(IDLE);
        if (idle(x,y))
            cout << "they are idle\n";
        else cout << " they are in use\n";
        x.set_status(INUSE);
        if (idle(x,y))
            cout << "they are idle\n";
        else cout << "they are in use\n";
        return 0;
    }
```

注意这个程序使用了对类 C2 的前向引用。因为 C1 中的 idle() 在 C2 声明前引用了 C2。

在例 8-2 中, idle() 声明为类 C1 与类 C2 的友元函数, 它完成对这两个类所生成的对象 x, y 所处的状态进行判别的任务(只调用友元函数一次), 而不必为每个类分别调用各自的成员函数来反映它们各自的状态(要先后调用成员函数两次), 使得代码高效。

更深入的是, 一个类的友元函数可以是另一个类的成员函数, 这样就可以在另一个类中访问该类的私有成员数据。下面是对前面程序的重写, 让 idle() 是 C1 的一个成员函数, 同时又是 C2 的友元函数, 也能达到同样的效果。

```
#include <iostream.h>
const int IDLE = 0;
const int INUSE = 1;
class C2;
class C1
{   int status;       //...
    public:
        void set_status(int state);
        int idle(C2 b);       //为 C1 的成员函数
```

};
```cpp
class C2
{   int status;      //...
    public:
        void set_status(int state);
        friend int C1::idle(C2 b);
};
void C1::set_status(int state)
{   status = state;
}
int C1::idle(C2 b)
{   if(status||b.status) return 0;
    else return 1;
}
void C2::set_status(int state)
{   status = state;
}
main()
{   C1 x;
    C2 y;
    x.set_status(IDLE);
    y.set_status(IDLE);
    if (x.idle(y)) cout << "they are idle\n";
    else cout << " they are in use\n";
    x.set_status(INUSE);
    if (x.idle(y)) cout << "they are idle\n";
    else cout << "they are in use\n";

    return 0;
}
```

因为idle()是C1的成员,它可直接访问status,这样只有类型C2的对象需要传给idle()。

从以上总结可以得出:友元函数提供了允许访问类的私有数据成员的机制。

8.2 对象传入函数的讨论

如果两个对象都属于同一个类型(也就是都是同一个类的对象),则一个对象可以赋给另一个对象,并且是把第一个对象的数据按位操作方式覆盖在第二个对象上。

很自然,对象也能以像其他数据一样的方式传给函数。对象是以一般的C++值调用参数传递协议来传给函数的。也就是说是对象的一个副本(而不是对象本身)传给了函数。因此,函数内对所传入的对象所作的任何变化都不会影响到相应的被传入函数的原对象。下面的程序说明了这一点。

【例 8-3】
```
#include <iostream.h>
class myclass
{    int i;
  public:
     voiset_i(int x) { i = x;}
     void out_i() { cout << i << " ";}
};
void f(myclass x)
{    x.out_i();        //输出的是 10
     x.set_i(100);    //影响的是对象副本的数据
     x.out_i();        //所以输出的是 100
}
main()
{    myclass mc;
     mc.set_i(10);
     f(mc);
     mc.out_i();      //仍然输出的是 10,而并没有因为 f()函数内的重新设置受
                       到影响
     return 0;
}
```

如注释表明的,f()内 x 的改变并不影响 main()内的对象 mc。

尽管把对象作为参数传给函数是一个简单的过程,然而把具有构造函数和析构函数的对象传给函数时,那将会出现什么样的情形呢?下面通过一个例子说明这一点。

【例 8-4】　分析下列程序的输出结果。
```
#include <iostream.h>
```

```cpp
class myclass
{   int val;
public:
    myclass(int i) { val = i; cout << "Constructing\n"; };
    ~myclass()     { cout << "Destructed\n"; };
    int getval() { return val; }
};
void display(myclass ob)
{   cout << ob.getval() << "\n";
}
main()
{   myclass mc(10);
    display(mc);
    return 0;
}
```

程序运行结果如下：
Constructing
10
Destructed
Destructed

分析发现上面的输出结果是出乎意料的，其构造函数调用了一次，而析构函数却调用了两次。如上所述，一个对象作为参数向函数传递时，就生成了该对象的一个副本(这个副本就成为函数的参数)，就是说又存在了一个新的对象，而且，当函数终止时，这个参数的副本也就被删除。

上面的情况就出现了两个基本问题：第一，当副本生成时，是否调用了对象的构造函数？第二，当副本删除时，是否调用了对象的析构函数？

原来，函数调用时生成参数的对象副本时，并没有再调用其构造函数。因为构造函数一般是用来初始化对象的，而向函数传递对象时，希望使用的是对象的当前值，而不是对象的原有初始值，所以不能调用其构造函数。

但是，当函数终止时，其对象副本也就要被删除，这时，就有必要去调用析构函数，因为要通过调用析构函数去完成在对象消失之前的一些清理操作(例如可能分配内存的副本必须删除)。

通过以上分析得知：尽管把对象向函数传递是以值调用的参数传递机制来实现的，并且这个机制在理论上能保护和隔离用做参数的对象，然而在现实中，它却有可能产生一些严重的问题,甚至会毁坏用做参数的对象。考虑下面的例子。

【例8-5】
```
#include <iostream.h>
#include <stdlib.h>
class myclass
{  int *p;
   public:
     myclass(int i);
     ~myclass();
     int getval() { return *p; }
};
myclass::myclass(int i)
{ cout << "Allocating p\n";
 p = new int;
 if(!p)
   { cout << "Allocation failure";
       exit(1); //如果内存不够,退出程序
   };
*p = i;
}
myclass::~myclass()
{ cout << "Freeing p\n";
 delete p;
}
void display(myclass ob)
{ cout << ob.getval() << "\n";
}
main()
{  myclass a(10);
   display(a);
   return 0;
}
```

程序运行结果如下:
Allocating P

Freeing P
Freeing P
Null pointer assignment

为什么会有"Null pointer assignment"错误呢？a 在 main()内被构造时，分配了内存并赋给 a.p。a 传给函数 display(myclass ob)时，a 被复制到参数 ob 中，那么，a.p 和 ob.p 指向同一内存地址。当 display()终止时，ob 被删除，其析构函数被调用，就释放了 ob.p 所指的内存。这也就相当于 a.p 所指的内存也被释放了，当主函数 main()终止时，a 被删除，其析构函数又被调用，就去释放 a.p 所指的内存，于是，就发生了错误，其错误就是去释放已经被释放的内存空间。

8.3 函数返回对象的讨论

函数也能返回一个对象。请看例 8-6。

【例 8-6】
```
#include <iostream.h>
#include <string.h>
class sample
{    char string[100];
public:
    void show_string() { cout << string << "\n"; }
    void set_string(char *s) { strcpy(string,s); }
};
sample input_string()
{  char instr[80];
   sample str;
   cout << "Enter a string:";
   cin >> instr;
   str.set_string(instr);
   return str;
}
main()
{
   sample ob;
   ob = input_string();
   ob.show_string();
```

```
    return 0;
}
```

例 8-6 中,函数 input_string() 的功能是:生成一个类 sample 的局部对象 str,然后从键盘读入一个字符串到 instr 中,它被复制到 str.string,由函数返回 str。在主函数 main() 中,这个返回对象赋给了 main() 内的 ob。

当一个对象由函数返回时,它自动地生成一个临时对象保存由函数返回的对象值,当该对象值返回到调用例程后,这个临时对象就已失去作用,就要删除它,它的析构函数也就要被调用。正是这个机制,致使由函数返回对象也同样有一个潜在的问题,就是由函数返回的那个对象,如果它有一个析构函数是用来释放动态分配的内存,那么它就会在函数返回后进行临时对象的删除时,调用它的析构函数将动态分配的内存释放了,然而被赋给了返回值的那个对象却要使用这片内存,这就产生了错误。正如例 8-7 所示。

【例 8-7】
```
#include <iostream.h>
#include <string.h>
#include <stdlib.h>
class sample
{   char * string;
public:
    sample() { string = '\0'; }
    ~sample() { if(string) delete string; cout << "Freeing string\n"; }
    void show_string() { cout << string << "\n"; }
    void set_string( char * s );
};
void sample::set_string( char * s )
{   string = new char[strlen(s)+1];
    if(!string)
    {   cout << "Allocation error\n";
        exit(1);
    };
    strcpy(string,s);
}
sample input_string()
{   char instr[80];
    sample str;
```

```
    cout << "Enter a string:";
    cin >> instr;
    str.set_string(instr);
    return str;
}
main()
{
    sample ob;
    ob = input_string();
    ob.show_string();
    return 0;
}
```

注意 sample 的析构函数有三次被调用的时机：

首先，input_string()函数中的局部对象 str 由于函数终止而被删除时，要调用一次析构函数。

其次，保持返回对象的"临时对象"(是返回对象 str 的一个对象副本)，由于 input_string()返回后，在它被删除时要调用一次析构函数。

最后，main()内的对象 ob，在程序终止时要调用一次析构函数。

问题是，在第一次执行析构函数时，分配来保存由 input_string()输入的字符串的内存已被释放了，那么，第二次析构函数的调用将是试图去释放第一次调用过程中已释放的那一块内存，这就会产生动态分配系统的错误。

其程序的输出结果如下：

Enter a string:Hello

Freeing string

Freeing string

Hello

Freeing string

Null pointer assignment

除了上述问题以外，程序中的语句"ob = input_string();"还会存在一些缺陷。这一问题留在下一章解决。

8.4 拷贝构造函数

为了解决上述 8.2 节中提及的问题，可行的一种办法是采用传入对象指针或对象引用，即把对象的指针或对象的引用传递给函数时，此时不生成副本，这样函数返回时不调用析构函数。如：
   void display(myclass &ob)
   { cout << ob.getval() << '\n';
   }
   同理,为了解决 8.3 节中的问题,可行的一种办法是采用返回对象指针或对象引用。

   在C++中提供了一个很好的方法,能全面地、一致性地解决 8.2 节和 8.3 节中的问题,就是使用拷贝构造函数及重载赋值运算符。

   C++定义了将一个对象的值向另一对象传递的两种不同情况：

   第一种情况是去赋值；第二种情况是初始化,其中在以下三种情形下发生初始化：

   (1)在说明语句中用一个对象来初始化另一个对象。
   (2)一个对象作为参数传给一个函数。
   (3)生成临时对象作为函数的返回值。

   拷贝构造函数可以用来精确地指定一个对象如何初始化另一个对象,它对赋值运算不起作用。而当一个对象用来初始化另一个对象时,C++就会自动调用这个拷贝构造函数。

   所有拷贝构造函数都有一个通用形式：
   classname(const 类名　&obj)
   {
   //拷贝构造函数体
   };

   其中,obj 是用来初始化另一个对象的对象引用。例如,设一个类叫做 myclass,y 作为类型 myclass 的一个对象,下面的语句将引用 myclass 拷贝构造函数。
   myclass x = y; //y 明显初始化 x,上述(1)情形
   func1(y);   //y 作为函数参数,上述(2)情形
   y = func2();   //生成临时对象作为返回值,上述(3)情形

   【例 8-8】 下面是一个使用拷贝构造函数来正确处理传给函数的 myclass 类的对象的程序。
   #include <iostream.h>
   #include <stdlib.h>
   class myclass
   {   int *p;
     public:
       myclass(int i);   //构造函数
       myclass(const myclass &ob); //拷贝构造函数

```cpp
    ~myclass();                    //析构函数
    int getval() { return *p;}
};
myclass::myclass( int i )
{   cout << "Allocating p\n";
    p = new int;
    if( ip)
        {   cout << "Allocation failure\n ";
            exit(1);
        };
        *p = i;
}
myclass::myclass( const myclass &obj)
{   p = new int;
    if( ip)
        {   cout << "Allocation failure\n ";
            exit(1);
        };
    *p = *obj.p;   //copy value
    cout << "copy constructor called\n";
}
myclass::~myclass()
{   cout << "Freeing p\n";
    delete p;
}
void display( myclass ob)
{   cout << ob.getval() << '\n';
}
main()
{   myclass a(10);
    display(a);
    return 0;
}
```

程序运行结果如下:

Allocating p

copy constructor called
10
Freeing p
Freeing p

下面是程序运行时发生的情况:a 在 main()内生成时,正常的构造函数分配内存,并把内存地址赋给 a.p,接着 a 传给 display()的 ob,调用拷贝构造函数,生成一个 a 的拷贝。其拷贝构造函数给这个拷贝分配内存,并把内存地址赋给 ob.p,即 ob.p 和 a.p 不是指向同一内存,这样 a 和 ob 的内存区是分开的和独立的,彼此不再有关联了。当 display()返回时,对象拷贝 ob 被删除,而引起其析构函数被调用,它释放 ob.p 指向的内存。最后,main()返回时,原对象 a 被删除,而引起其析构函数被调用,它释放 a.p 指向的内存。

因此,使用拷贝构造函数很好地解决了向一个函数传递对象时所存在的问题。

作为函数返回一个对象的结果而生成一个临时对象时,也调用拷贝构造函数。将例 8-8 中的 main()修改如下并运行:

```
#include <iostream.h>
#include <stdlib.h>
class myclass
{ public:
    myclass() { cout << "Normal constructor\n"; }
    myclass(const myclass &ob) { cout << "Copy constructor\n"; }
};
myclass f()
{ myclass ob; //调用常规构造函数
  ruturn ob;   //调用拷贝构造函数
}
main()
{ myclass a;
  a = f();
  return 0;
}
```

程序运行结果如下:
Normal constructor
Normal constructor
Copy constructor

此处正常的构造函数调用了两次:一次是在 main() 内生成 a 时,另一次是在 f() 内生成 ob 时。在生成"作为从 f() 返回值的临时对象"时,调用了拷贝构造函数。

要记住拷贝构造函数只在初始化时被调用。注意下面两段代码的区别:

```
main()
{   myclass a(10);        //调用常规构造函数
    myclass b = a;        //调用拷贝构造函数
    return 0;
}
main()
{   myclass a(2),b(3);    //调用常规构造函数
    b = a;                //是赋值运算,不调用拷贝构造函数
    return 0;
}
```

同时要注意:在工程上每一个实用的类都带有拷贝构造函数。

8.5 this 关键字

在C++中,关键字 this 是一个指向调用成员函数的对象的指针,每一次成员函数调用时,都向调用它的对象传递一个 this 指针。this 指针对所有成员函数来说是一个显式参数。因此,在成员函数内,this 可能用来表示调用对象。

为说明 this 指针如何工作,下面给出一个范例:

【例 8-9】
```
#include <iostream.h>
class cl
{   int i;
    public:
    void load_i(int val) { this -> i = val; }
    int get_i() { return this -> i; }
};
main()
{   cl o;
    o.load_i(100);
    cout << o.get_i();
    return 0;
};
```

程序运行结果如下：
100

当调用某个对象的成员函数时，系统先把该对象的地址赋给 this 指针，然后调用成员函数。this 是调用成员函数的地址，而 *this 是调用成员函数的对象。

提示：友元函数没有 this 指针，因为友元不是类的成员。只有成员函数才有一个 this 指针。

思考题八

8.1 了解友元函数的真正作用。
8.2 讨论当对象作为值传入函数时可能产生的问题，在C++中是怎么解决的？
8.3 讨论当从函数返回对象值时可能产生的问题。
8.4 在C++中，使用拷贝构造函数是为解决什么问题？是怎样解决的？
8.5 通过上机实践，分析下列程序所输出的结果。

```
#include <iostream.h>
#include <stdlib.h>
class myclass
{   int *p;
    public：
       myclass(int i);               //构造函数
       myclass(const myclass &ob);   //拷贝构造函数
       ~myclass();                   //析构函数
       void Show(){cout << *p;}
};
myclass::myclass(int i)
{   cout << "Normal constructor\n";
       p = new int;
if(ip)
{   cout << "Allocation failure\n";
      exit(1);
}
*p = i;
}
myclass::myclass(const myclass &obj)
```

```
    {    cout << "Copy constructor\n" ;
       p = new int;
       if( ip)
       {    cout << "Allocation failure\n" ;
            exit( 1 ) ;
       }
         * p = * obj. p;//copy value
       }
myclass: : ~ myclass()
{ cout << "Destructed\n" ;
delete p;
}
void display( myclass ob )
{   ob. Show();
}
main()
{    myclass a( 10 ) ;
     display( a ) ;
     return 0;
}
```

第九章 运算符重载

【学习目的与要求】

通过本章的学习,学生应掌握如何根据定义的类的类型来重载运算符,而把新的数据类型集成到编程环境中,深刻领会这一点正是重载运算符的主要优点。同时,要注意成员运算符函数的重载方式与友元运算符函数重载方式的区别。

在C++中,运算符重载允许对特定的类定义一个运算符。例如,一个定义链表的类可以使用"+"运算符来向链表添加一个对象;实现堆栈的类可以使用"+"运算符来把对象推入堆栈;而另一个类可以以一个完全不同的方式使用"+"运算符。重载运算符时,运算符的原有含义没有丢失,仅仅是定义了与某个类相关的新操作。因此,重载运算符"+"用来处理链表并不改变它用在整数(如相加)中的含义。要重载一个运算符,必须定义与要应用的类相关的操作方法。为此要生成一个 operator 的函数来定义运算符的行为。

operator 函数的一般形式为:

类型 类名::operator#(参数列表)

{

与类有关的操作

}

此处要重载的运算符由"#"替代,类型是所指定的操作的返回值类型。尽管这个类型是可以选择的任何类型,但返回值一般与要重载操作符的这个类的类型相同。这种习惯对在复合表达式中使用重载的运算符比较方便。

运算符函数是通常所用的类的成员或友元。而成员运算符函数的重载方式和友元运算符函数的重载方式是有区别的。

9.1 使用成员函数的运算符重载

先通过一个简单的例子来说明运算符重载是如何进行的。

【例 9-1】 下面的程序生成一个名为 three_d 的类,含有一个三维空间中物体的坐标。它重载了与 three_d 类相联系的"+"和"="运算符。

#include <iostream.h>

```cpp
class three_d
{   int x,y,z;
public:
    three_d() { x = y = z = 0; }
    three_d( int i, int j, int k) { x = i; y = j; z = k; }
    three_d operator + ( three_d t );
    three_d operator = ( three_d t );
    three_d operator ++ ();
    three_d operator -- ();
    void show();
};
three_d three_d::operator + ( three_d t)
{   three_d temp;
    temp.x = x + t.x;
    temp.y = y + t.y;
    temp.z = z + t.z;
    return temp;
}
three_d three_d::operator = ( three_d t)
{   x = t.x;
    y = t.y;
    z = t.z;
    return *this;
}
three_d three_d::operator ++ ()
{
    x ++;
    y ++;
    z ++;
    return *this;
}
three_d three_d::operator -- ()
{
    x --;
    y --;
```

```cpp
        z--;
        return *this;
}
void three_d::show()
{   cout<<x<<","<<y<<","<<z<<"\n";
}
main()
{
    three_d a(1,2,3),b(10,10,10),c;

    a.show();
    b.show();

    c=a+b;
    c.show();

    c=a+b+c;
    c.show();

    c=b=a;
    c.show();
    b.show();

    ++c;
    c.show();

    --b;
    b.show();

    return 0;
}
```

程序运行结果如下：
1,2,3
10,10,10
11,12,13

```
22,24,26
1,2,3
1,2,3
2,3,4
0,1,2
```

读程序时会发现，尽管重载的是二元运算，但两个运算符函数都只有一个参数。这个看似有矛盾的原因是，使用成员函数重载二元运算符时，只给它显式地传递了一个参数，而另一个参数则隐式地传给了 this 指针。

这样，在"temp.x = x + t.x；"这一行中，x 指的是 this -> x，它是与调用运算符函数相联系的 x。在所有情况中，是由运算符左边的对象调用运算符函数，右边的对象被传给函数。一般地，使用成员函数时，重载一元运算符不用参数，只有重载二元运算符时才要求一个参数，调用运算符函数的对象通过 this 指针来隐式地传递。

类型 three_d 的两个对象由 + 运算符运算时，两者坐标的幅值被加在一起，如 operator +()中所示。但要注意，这个函数不改变操作数的值，而是由函数返回的一个 three_d 类型对象来保存运算结果。要明白 + 运算没有改变两个对象的值，如 10 + 12 这样应用的标准算术 + 运算，运算结果为 22，而 10 和 12 都没有改变。尽管没有规则阻止重载运算符时改变操作数，但最好在重载运算符时保留其原有含义。

注意 operator +()返回一个类型 three_d 的对象。尽管函数可返回任何一个合法的 C++ 类型，但实际上返回一个 three_d 对象来允许 + 运算符可用于复合表达式，如 a + b + c。此处，a + b 生成一个类型 three_d 的结果，这个值又可加入 c 中。如果 a + b 生成其他任何类型的值，这样一个表达式就无法工作了。

与 + 运算符相对比，赋值运算符确实改变了它的参数（总的来说，这就是赋值的本质），因为出现于赋值左边的对象调用 operator =()函数，这个对象就被赋值运算符改变。经常地，赋值后，重载的赋值运算符的返回值是左边的对象。

例如，要使语句如：

```
a = b = c = d;
```

operator =()就必须返回由 this 指向的对象，这个对象将出现于赋值运算符的左边。赋值运算是 this 指针的一个重要作用。

注意重载一元运算符 ++ 和 --。一元运算符由成员函数重载时，没有对象显式地传给运算符函数。相反，运算是由隐式地传给 this 指针的对象调用函数来实现的。operator ++()使对象中每一个坐标加 1，并返回改变后的对象。这样也就保留了 ++ 运算符的传统含义。

++ 和 -- 都有前缀和后缀的形式。如" ++t；"和" t ++；"都是增量运算符的合法使用。operator ++()函数定义了与 three_d 类相联系的 ++ 前缀形式。当然也可以重载后缀形式。与 three_d 类相联系的 ++ 运算符后缀形式如下：

```
three_d three_d::operator ++ (int notused);
...
three_d three_d::operator ++ (int notused)
{
    three_d temp = *this;
    x ++;
    y ++;
    z ++;
    return temp;
}
```

参数 notused 不被函数所使用,将被忽略。这个参数只是编译器用来区别增量或减量运算符的前缀形式或后缀形式,这种方式可用于重载与任何类相联系的前缀增量与减量。

要特别注意这个函数用语句"three_d temp = *this;"来保存操作的当前状态并返回 temp。记住后缀增量的传统方式是先得到操作数的值,再使操作数加 1。因此,有必要在增加 1 之前保存操作数的当前状态并返回其原有值,而不是改变了的值。

重载运算符在定义于其中的类中的行为与运算符的缺省用法没有关系,但是为了代码的结构和可读性,重载运算符在可能时应该反映运算符的原有用法。例如,与 three_d 相联系的 + 运算符在概念上同与整型数相联系的 + 运算符。当然,可以用 || 运算符实现 + 运算符,但没有多大的好处。

重载运算符有一些限制。首先,不能改变任何运算符的优先级。其次,尽管运算符函数可有选择地忽略操作数,但都不能改变运算符所要求的操作数的个数。除了 = 外,重载运算符将由任何派生的类来继承。

这里要特别提出来的是:重载二元运算符时,记住在许多情况下,操作数的次序是有区别的。例如,虽然 A + B 是可交换的,但 A - B 可不是。因此,实现不能交换的运算符的重载形式时,记住哪一个操作数在左边,哪一个操作数在右边。例如:

```
three_d three_d::operator - (three_d t)
{
    three_d temp;
    temp.x = x - t.x;
    temp.y = y - t.y;
    temp.z = z - t.z;
    return temp;
}
```

注意它是左边的操作数调用运算符函数,而右边的操作数显式地进行传递。

9.2 友元运算符函数

运算符函数也可能是友元函数而不是成员函数。不能用友元函数重载的运算符为 =,(),[ ] 和 ->。前面已经提到,友元函数没有 this 指针。因此,用友元重载运算符时,重载二元运算符就显式地传递两个操作数,重载一元运算符就显式地传递一个操作数。

【例 9-2】 下面的程序中使用一个友元函数而不是成员函数来重载 + 运算。

```
#include <iostream.h>
class three_d
{    int x,y,z;
public:
    three_d() { x = y = z = 0; }
    three_d(int i, int j, int k){ x = i; y = j; z = k; }
    friend three_d operator + (three_d op1, three_d op2);
    three_d operator = (three_d op2);
    void show();
};
...
three_d operator + (three_d op1,three_d op2)
{
    three_d temp;
    temp.x = op1.x + op2.x;
    temp.y = op1.y + op2.y;
    temp.z = op1.z + op2.z;
    return temp;
}
```

看一下 operator + () 可发现,两个操作数都传给了它。左边的操作数在 op1 中传递,右边的操作数在 op2 中传递。许多情况下,重载运算符时使用友元函数而不使用成员函数并没有优点。但下述情况必须使用友元函数才适合。

假设某一对象为 a,如果用成员函数方式重载运算符 +,那么:

a = a + 10;

这是合法的语句,因为对象 a 在 + 运算符的左边,是它调用其 + 运算符函数的,它能把一个整型值加到 a 的某一元素上。但是,下面这个语句就不能工作:

a = 10 + a;

这个语句的问题是 + 运算符的左边是一个整型数。它是不能调用运算符函数 + 的。

如果使用两个友元函数来重载 + ,则上述情况就可以被消除。这种情况下,运算符函数被显式地传来两个参数,也像其他重载函数一样根据参数类型被调用。一种 + 运算符函数处理"对象 + 整数",另一种运算符处理"整数 + 对象"。使用友元重载 +(或其他二元操作数)允许内建类型出现于运算符的左边或右边。下面举例说明这一点。

【例 9-3】
```
#include <iostream.h>
class CL
    { public:
        int count;
        CL operator = (CL obj);
        friend CL operator + (CL ob, int i);
        friend CL operator + (int i, CL ob);
};
CL CL::operator = (CL obj)
{
 count = obj.count;
 return *this;
}
CL operator + (CL ob, int i)
{
 CL temp;
 temp.count = ob.count + i;
 return temp;
}
CL operator + (int i, CL ob)
{
 CL temp;
 temp.count = ob.count + i;
 return temp;
}
main()
{
 CL c;
```

```
      c.count = 10;
      cout << c.count << " ";      //输出 10
      c = 10 + c;
      cout << c.count << " ";      //输出 20
      c = c + 12;
      cout << c.count;             //输出 32
      return 0;
}
```

可以看到,operator+()函数被重载两次,来允许整数和类型的对象出现于加法运算的两种方式。

使用友元函数来重载一元运算符,需要一点额外的工作。每个成员函数都有一个指向调用它的对象的指针来作为隐式的参数,在函数内部由关键字 this 来引用。因此,用成员函数来重载一元运算符时,不需要显式地声明参数。这种情况下仅有参数是指向激活调用来重载运算符函数的隐式指针,因为 this 是一个指向对象的指针,任何对于对象私有数据的改变都会影响调用运算符函数的对象。而友元函数是不能接收 this 指针的,它必须显式地传递操作数,但如下所示的友元函数是不能正常工作的。

```
three_d operator++(three_d op1)
{
   op1.x++;
   op1.y++;
   op1.z++;
   return op1;
}
```

这个函数不会工作,因为引起调用 operator++()的对象的一个副本被从参数 op1 传给了这个函数。这样,operator++()内的变化并不影响调用函数。

因此,重载一元运算符++或--时使用友元函数要求对象作为一个引用参数传给函数。这种方式下,函数就能改变对象。友元函数用于重载增量或减量运算符时,前缀形式带有一个参数(是操作数),后缀形式带有两个参数。第二个参数是一个整数,没有使用。如下所示,注意一元运算符++的前缀形式和后缀形式。

```
class three_d
{   ...
    friend three_d operator++(three_d &op1);            //前缀形式
    friend three_d operator++(three_d &op1, int notused);//后缀形式
    ...
```

};
```
three_d operator ++ ( three_d &op1 )
{
    op1.x ++;
    op1.y ++;
    op1.z ++;
    return op1;
}
three_d operator ++ ( three_d &op1, int notused )
{
    three_d temp = op1;
    op1.x ++;
    op1.y ++;
    op1.z ++;
    return temp;
}
```

9.3 重载关系运算符

重载运算符函数要为被重载的类返回一个对象。而重载关系运算符往往是返回一个真或假的值,这样能允许重载的关系运算符可用于条件表达式中。例如,

```
int three_d::operator == ( three_d t )
{   if ( ( x == t.x ) && ( y == t.y ) && ( z == t.z ) )
        return 1;
    else
        return 0;
}
```

一旦 operator == () 被实现,下面的程序段就是合法的。

```
three_d a, b;
//...
if ( a == b )
    cout << "a equal b\n";
else
    cout << "a does not equla b\n";
```

读者不妨试一下完成与 three_d 类相联系的关系运算符。最后要记住的是:一般地,应使用成员函数来实现重载的运算符。而友元函数主要是用来处理某种特殊

情况。

9.4 进一步考查赋值运算符

在 8.3 节的"函数返回对象的讨论"中,讨论了函数返回对象时的潜在问题:当一个对象由函数返回时,编译器生成一个成为返回值的临时对象。返回值后,这个对象超出其作用域而被删除。这样,其析构函数被调用。但是可能有这样的情况:临时对象析构函数的执行删除了程序还需要的某些东西。例如,假设一个对象的析构函数释放分配的内存,如果这个对象类型同样以缺省的位复制赋给另一个对象的返回值,临时对象的析构函数就释放了接收返回值的对象还需用的动态分配的内存。

再来看 8.3 节的例 8-7 中所遗留的问题:

```
...
main()
{   sample ob;
    ob = input_string();
    ob.show_string();
    return 0;
}
```

语句"ob = input_string();"还存在一个问题,在C++中,缺省的赋值运算符也是进行位复制,这样,由 input_string() 返回的临时对象被复制给 ob,因此,在对象 ob 中的字符串指针变量 s(ob.s) 与函数 input_string() 内的临时对象中的指针变量 s 是同一指针值,都指向同一内存。然而,input_string() 内的临时对象在函数返回后就要自动被删除,它就会调用析构函数来释放指针变量 s 所指的这些内存,ob.s 就指向不存在的内存,在程序终止时,ob 将被删除,然后又调用析构函数使用这些已不存在的内存,以致破坏了分配系统而产生错误。

解决这个问题的方法是要重载赋值运算符。拷贝构造函数保证被初始化对象的副本中有其自己的内存,重载的运算符保证赋值运算符左边的对象也是使用自己的内存。下面是对 8.3 节的例 8-7 改正后的程序实现。

```
#include    <iostream.h>
#include    <string.h>
#include    <stdlib.h>
class sample
{   char *string;
    public:
    sample() { string = '\0'; }
    sample( const sample & ob );
```

```cpp
    ~sample() { if(string) delete string; cout << "Freeing string\n"; }
    void show_string() { cout << string << "\n"; }
    void set_string(char *s);
    sample operator=(sample &ob);
};
Sample::Sample(const sample & ob)
{ String = new char[strlen(obstring)+1]
  if(!string)
  { cout << "Allocation error\n";
      exit(1);
    }
    strcpy(string,s);
}
string(string,obj.string);
  { delete s;
      string = new char[strlen (ob.string)+1];
      if(!string)
        { cout << "Allocation error\n";
            exit(1);
        }
    }
    strcpy(s,ob.string);
    return *this;
}
sample input_string()
{   char instr[80];
    sample str;
    cout << "Enter a string:";
    cin >> instr;
    str.set_string(instr);
    return str;
}
main()
{
sample ob;
ob = input_string();
```

```
    ob.show_string();
    return 0;
}
```

程序运行结果如下:

Enter a string:Hello
Freeing string
Freeing string
Freeing string
Hello
Freeing s

9.5 重载 new 和 delete

　　new 和 delete 作为一元运算符,也是可以重载的,它可以用来安排一些特殊的分配方法。例如,可能希望生成分配例程在堆栈用完后自动地开始用磁盘文件作虚拟内存。

　　new 和 delete 运算符一般相对于一个类来重载。例 9-4 程序中,new 和 delete 运算符是相对于 three_d 类的重载。两者都重载来允许对象和对象数组的分配和释放。

【例 9-4】
```
#include  <iostream.h>
#include  <stdlib.h>
class three_d
  { int x,y,z;
    public:
    three_d() { x = y = z = 0;
                cout << "Constructing 0,0,0\n";
              }
    three_d( int i, int j, int k)
              { x = i; y = j; z = k;
                cout << "Constructing ";
                cout << i << "," << j << "," << k << '\n';
              }
    ~three_d() { cout << "Destructing\n"; }
    void show()   { cout << x << "," << y << "," << z << "\n";
```

```
        void * operator new(size_t size);
        void * operator new[](size_t size);
        void operator delete(void * p);
        void operator delete[](void * p);

};
void * three_d::operator new(size_t size)
{ cout << "Allocating three_d object.\n";
  return malloc(size);
}
void * three_d::operator new[](size_t size)
{ cout << "Allocating array of three_d objects.\n";
  return malloc(size);
}
void three_d::operator delete(void * p)
{ cout << "Deleting three_d object.\n";
  free(p);
}
void three_d::operator delete[](void * p)
{ cout << "Deleting array of three_d objects.\n";
  free(p);
}
main()
{ three_d *p1, *p2;
  p1 = new three_d[3];
  p2 = new three_d(5,6,7);
  p1[1].show();
  p2->show();
  delete []p1; //delete array
  delete p2; //delete object
  return 0;
}
```

程序运行结果如下：
Alloctating array of three_d objects
Constructing 0,0,0

```
Constructing 0,0,0
Constructing 0,0,0
Allocating three_d object
Constructing 5,6,7
0,0,0
0,0,0
5,6,7
Destructing
Destructing
Destructing
Deleting array of three_d objects.
Destructing
Deleting three_d object.
```

前三个 Constructing 消息由三元数组的分配引起。如前面提到的,一个数组被分配时,每一个元素的构造函数都被调用。最后的 Constructing 消息由单个对象的分配引用。前三个 Destructing 消息由三元数组的删除引起,每个元素的析构函数都自动地被调用。在这一部分不需要特别的操作。最后的 Destructing 消息是由单个对象的删除引起的。

9.6 重载[ ]

在C++中,[ ]被重载时,它被看做是一个二元运算符。[ ]只能由成员函数相对于一个类来重载,其一般形式为:

```
type class_name::operator[ ](int index)
{
  //....
}
```

假设一个对象叫 b,b[3] 这个表达式是把此调用传给 operator[ ]()函数:

operator[ ](3)

也就是说下标运算符中表达式的值由显式参数传给了 operator[ ]()函数。this 指针将指向生成调用的对象 b。

例 9-5 的程序中,atype 声明了三个整数的数组。其构造函数中初始化了数组 a 的每一个成员。重载的 operator[ ]()函数指定返回由其参数指定的元素值。

【例 9-5】
```
#include  <iostream.h>
const int SIZE = 3;
```

```
class atype
{    int a[SIZE];
public:
    atype() {  register int i;
               for(i=0;i<SIZE;i++) a[i]=i;//初始化数组元素的值分别为
                                                     0,1,2
            }
    int operator[ ]( int i) { return a[i]; }
};
main()
{
atype ob;
cout << ob[2]; //将显示2
return 0;
}
```

可以把operator[ ]()函数设计成使[ ]能同时用于赋值号的左边和右边。要这样做，只需把operator[ ]()返回值指定为引用。这种变化如下所示：

```
#include <iostream.h>
const int  SIZE=3;
class atype
{    int a[SIZE];
  public:
    atype() {  register int i;
               for(i=0;i<SIZE;i++) a[i]=i;//初始化数组元素的值分别
                                                     为0,1,2
            }
    int &operator[ ]( int i) { return a[i]; }
};
main()
{
 atype ob;
cout << ob[2]; //显示2
cout << " ";
ob[2]=25;       //[ ]在=的左边
cout << ob[2]; //显示25
```

```
    return 0;
}
```

因为现在 opertor[ ]()对由 i 检索的数组元素返回一个引用,因此就可以把它用在赋值语句的左边来改变数组的一个元素。

能重载[ ]运算符的一个优点是它提供了实现数组安全检索的方法。大家知道,在 C++中,可以超过或不到数组边界去访问数组且不会产生运行时间错误。如果生成一个含有数组的对象,而只允许通过重载的[ ]下标运算符来访问数组,那么可以截获或阻止对它的数组进行越界检索。例 9-6 的程序加上了对对象中的数组进行边界检查的能力。

【例 9-6】

```
#include <iostream.h>
const int SIZE = 3;
class atype
{   int a[SIZE];
  public:
     atype() {  register int i;
              for(i=0;i<SIZE;i++) a[i]=i;//初始化数组元素的值分别为
                                                    0,1,2
            }
     int &operator[ ](int i);
};
int &atype::operator[ ](int i)
{   if ( i<0 || i>SIZE-1)
       { cout<<"Index value of"<<i<<"is out of bounds.\n";
         exit(1);
       }
    return a[i];
}
main()
{ atype ob;
  cout<<ob[2]; //显示 2
  cout<<" ";
  ob[2]=25;      //[ ]在 = 的左边
  cout<<ob[2]; //显示 25
  ob[3]=44;      //显示 3 out-of-range,
```

```
    return 0;
}
```

此程序中,当语句"ob[3] = 44;"执行时,边界错误由 operator[]()来截获,程序终止。

9.7 重载其他运算符

下面开始另一个运算符重载的例子,实现一个字符串类型,并定义了与这个类型相关的几个运算符。尽管C++的字符串方法——以字符数组而不是直接作为一个类型来实现——效率高且灵活,对初学者而言可能不像 BASIC 之类的语言中实现字符串的方法清楚,但是,使用C++可以通过定义字符串类和与此类相关的运算符来把上面的这两者之中的优点结合起来。下面的类声明了类型 str_type。

```
#include  <iostream.h>
#include  <string.h>
class str_type
{     char string[80];
  public:
      str_type(char * str = "\0") { strcpy(string,str); }
      str_type operator + (str_type str);    //连接
      str_type operator = (str_type str);    //赋值
    void show_str()    { cout << string; }
};
```

str_type 声明了一个私有字符串。此类有一个构造函数,可用一个指定的值来初始化数组 string 或者没有任何初始化值而赋空值于一个字串,也声明了两个重载的运算符将实现连接和赋值。最后声明了 show_str()将把 string 输出。

重载的运算符函数如下:

```
str_type str_type::operator + (str_type str)
{   str_type temp;
    strcpy(temp.string,string);
    strcat(temp.string,str.string);
    return temp;
}

str_type str_type::operator = str_type str)
{  strcpy(string,str.string);
    return * this;
```

下面的 main()示范它们的使用:

```
main()
{
    str_type a("Hello"),b("There"),c;
    c = a + b;
    c.show_str();
    return 0;
}
```

这个程序把 Hello There 输出到屏幕。它先把 a 和 b 相连接,然后把结果赋给 c。记住 = 和 + 都为类型 str_type 而定义。

但下面的语句是非法的,因为它试图给 a 赋一个普通的 C++ 字符串。

`a = "this is curently wrong";`

但 str_type 可以被改进从而使这个语句合法,扩展到 str_type 类支持的运算类型,以便可以给 str_type 对象赋普通的 C++ 字符串,或把一个 C++ 字符串与 str_type 对象相连接,将需要第二次重载 + 和 = 运算。首先,类声明必须改动,如下所示:

```
class str_type
    { char string[80];
public:
        str_type(char *str = "\0") { strcpy(string,str);}
        str_type operator +(str_type str);
        str_type operator +(char *str);
        str_type operator =(str_type str);
        str_type operator =(char *str);
        void show_str() { cout << string; }
};
...
str_type str_type::operator =(char *str)
{ str_type temp;
    strcpy(string,str);
    strcpy(temp.string,string);
    return temp;
}
str_type str_type::operator +(char *str)
{ str_type temp;
    strcpy(temp.string,string);
```

```
    strcat(temp.string,str);
    return temp;
}
...
```

仔细看一下这些函数。注意右边的参数不是类型 str_type 的对象,只是一个以空终止的字符数组的指针——即一个普通的C++字符串。它的优点是可以使用自然的方式写某些语句。例如下面这些合法的语句:

str_type a,b,c;
a = "hi there";
c = a + "George";

当然读者自己可以试着生成其他字符串运算。例如,可以试着定义 -,可以实现子串的删除。如对象 A 的字符串是"This is a test",对象 B 的字符串是"is",则 A - B 产生"Th a   test"

思考题九

9.1 运算符重载能带来什么好处?

9.2 成员运算符函数的重载方式和友元运算符函数的重载方式的区别是什么?

9.3 讨论重载 new,deleye,[ ]这三种运算符的一般用途。

9.4 定义复数类的加法与减法,使之能够执行下列运算:
Comple a(2,5),b(7,8),c(0,0);
c = a + b;
c = 4.1 + a;
c = b + 5.6;

9.5 编写一个时间类,实现时间的加、减、读和输出。

第十章 继 承 性

【学习目的与要求】

通过本章的学习,学生应着重掌握面向对象的另一个重要特征——继承性,明确C++继承中的基类访问控制。

10.1 继承性的理解

继承是面向对象的一个重要特征。首先定义一个具有某种共性的通用类,由它可以派生出一些其他类,这些派生类相对其通用类来说,要具有一些特殊性,因为它们不但拥有其通用类的共性,还可以增添自己的个性。换个角度看,这些派生类是从其通用类继承下来的。因此,被用来继承的类称为基类,要去完成这继承的类被称为派生类。自然,派生类又可以作为基类,被它的派生类所继承。这样,就可以形成一个具有多个层次的类层次树,如图10-1所示。

总之,类的继承性提供了允许一个或几个对象向另一个对象传递自己的能力和行为的机制。

第十章 继承性

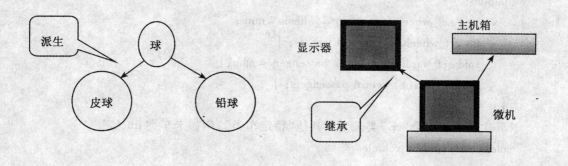

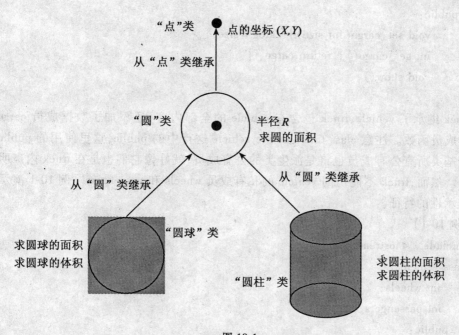

图 10-1

10.2 类的继承过程

在C++中,在一个类的声明中引入其他类的说明来表示其继承关系。

例如,首先定义了一个"车"类 vehicle,这个类保存了车辆的车轮数和它能载的乘客数。

```
class vehicle
{   int wheels;
    int passengers;
```

```cpp
public:
    void set_wheels(int num) { wheels = num; }
    int get_wheels() { return wheels; }
    void set_pass(int num) { passengers = num;}
    int get_pass(){ return passengers; }
};
```

其次可以用这个"车"类来定义其他"特定车类",例如卡车类 truck。

```cpp
class truck:public vehicle
{     int cargo;
   public:
       void set_cargo(int size) { carog = size;}
       int get_cargo(){ return cargo; }
       void show();
};
```

truck 继承了 vehicle, truck 包含有 vehicle 的全部内容,还添加了数据成员 cargo 和三个成员函数。注意 class truck:public vehicle 这行中的 public,这里使用的 public 意味着基类所有公有成员也将是派生类的公有成员,就好像它们也是在 truck 内声明的一样。然而,truck 不能访问 vehicle 的私有成员 wheels 和 passengers。例 10-1 演示了此继承性的特征。

【例 10-1】

```cpp
#include <iostream.h>
class vehicle
{     int wheels;
      int passengers;
   public:
       void set_wheels(int num) { wheels = num; }
       int get_wheels() { return wheels; }
       void set_pass(int num) { passengers = num;}
       int get_pass(){ return passengers; }
};
class truck:public vehicle
{     int cargo;
   public:
       void set_cargo(int size) { carog = size;}
       int get_cargo(){ return cargo; }
       void show();
```

};
void truck::show()
{   cout << "wheels:" << get_wheels() << "\n";   //访问基类的成员函数
    cout << "passengers:" << get_pass() << "\n";   //访问基类的成员函数
    cout << "cargo capacity:" << cargo << "\n";
}
main()
{   truck t;
    t.set_wheels(4);
    t.set_pass(3);
    t.set_cargo(50);
    t.show();
    return 0;
}

程序运行结果如下：
wheels:4
passengers:3
cargo capacity:50

10.3 基类访问控制

一个类继承另一个类时，基类的成员就成了派生类的成员。派生类中基类成员的访问状态由用于继承基类的访问限定符决定。其一般形式如下：
derived_class: access base_class
{
    body of new class
};
此处，access是基类访问限定符，它必须是public、private或protected。如果没有使用访问限定符，缺省状态下就是private。

基类作为public被继承时，基类的全部公有成员都变成派生类的公有成员。在所有情况下，基类的私有成员保持其私有性，派生类的成员不可对其进行访问。

【例10-2】
#include <iostream.h>
class base

```
    {   int i,j;
    public:
        void set(int a, int b)  {  i = a;   j = b; }
        void show()  {   cout << i << " " << j << "\n"; }
    };
    class derived: public base
    {    int k;
    public:
        derived(int x)  { k = x; }
        void showk()  { cout << k << "\n"; }
    };
    main()
    {    derived ob(3);
        ob.set(1,2); //access member of base
        ob.show();      //access member of base
        ob.showk(); //uses member of derived class
        return 0;
    }
```

通过上面的程序看出,类 derived 的对象 ob 可以直接访问基类 base 的公有成员。

与公有继承相对的是私有继承。当基类作为 private 被继承时,基类的所有公有成员都成为派生类的私有成员。如果把例 10-2 中的基类访问限定符改为 private,则程序本身将不会编译成功,因为这时基类 base 中公有成员 set() 和 show() 都变为 derived 的私有成员,这样就不能在 main() 中被调用了。

因此,要记住的关键点是,当一个基类为 private 被继承时,由于基类的公有成员变成了派生类的私有成员,那么,它们只可以由派生类的成员来访问,而程序的其他部分都不能访问它们了。

基类的私有成员不能被程序的其他部分访问,即使是它的派生类也不能访问。这个好理解,因为私有成员是私有的。但当基类的成员被声明为 protected 时,称它们为该类的保护成员,它们与私有成员是有所不同的。首先要肯定的是它们不能被该基类及其派生类以外的其他程序部分所访问,那么,能不能被它的派生类所访问呢?这里正是与私有成员的不同:当基类作为公有被派生类继承时,基类的保护成员也就成为派生类的保护成员,即派生类也就能访问基类的保护成员,也就可以生成对其他类来说是私有成员但仍可以被派生类继承和访问。

然而,当一个基类作为保护(protected)来继承时,则基类的公有成员就成为了派生类的保护成员。下面举例说明。

【例10-3】
```cpp
#include <iostream.h>
class base
{   protected:
        int i,j;
    public:
        void set(int a,int b) { i=a; j=b; };
        void show() { cout<<i<<" "<<j<<"\n"; };
};
class derived:public base
{       int k;
    public:
        void setk() { k=i*j; };
        void showk() { cout<<k<<"\n"; };
};
main()
{   derived ob;
    ob.set(2,3);
    ob.show();
    ob.setk();
    ob.showk();
    return 0;
}
```

此处,因为 base 是由 derived 作为公有继承并且 i 和 j 作为保护的来声明,因此 derived 的函数 setk() 就可以访问它们。如果 i 和 j 作为私有 base 来声明,则 derived 就对其没有访问权,程序不会编译。

当一个派生类作为另一个派生类的基类时,由第一个派生类从初始基类(作为公有)继承的任何保护成员都可再次作为保护成员被第二个派生类继承。所以,protected 限定符允许生成这样的类成员,使这样的类成员在类的层次内可以访问,而在别的情况下是不能访问的。但是,当基类作为私有被继承时,基类的保护成员成为派生类的私有成员。因此,在上面的例 10-3 中,如果 base 作为私有被继承,则 base 的全部成员将成为 derived1 的私有成员,意味着它们不能被 derived2 访问,然而,i 和 j 仍可由 derived1 访问。如下所示:

```cpp
#include <iostream.h>
class base
```

```cpp
    {   protected:
            int i,j;
        public:
            void set(int a,int b) { i=a ; j=b; };
            void show() { cout<<i<<" "<<j<<"\n"; };
    };
    class derived1:private base
    {    int k;
    public:
        //对derived1来说,i,j变成了它的私有成员,是可以访问的
    void setk(){ k=i*j; };
    void showk() { cout << k << "\n"; };
    };
    class derived2: public derived1
    {    int m;
      public:
        //i,j 只是derived2的私有成员,在derived2中是不能访问的
        void setm()    { m=i-j; };              //出错,不能编译成功
        void showm() { cout << m << "\n"; };
    };
    main()
    {   derived1 ob1;
        derived2 ob2;
        ob1.set(1,2);    //出错,不能编译成功,因为set只是derived1的私有成员函数
        ob1.show();      //出错,不能编译成功,因为show只是derived1的私有成员函数
        ob2.set(3,4);    //出错,不能编译成功,对derived2来说,更是不行了
        ob2.show();      //出错,不能编译成功
        return 0;
    }
```

尽管base由derived1作为私有来继承,derived1对base的公有成员和保护成员还有访问权。但是它不能传递这种特权。它提供了一种方法:它能保护某些成员不被非成员函数所访问,但又可以被继承。

至此而知,类的声明的一般完整形式为:

```
class class_name
{    private members
     protected:
```

```
    protected members
public:
    public members
};
```

除了对类的成员指定保护的状态外,关键字 protected 也可用于继承基类。基类作为保护成员而被继承时,基类的全部公有成员和保护成员都成为派生类的保护成员。下面的例 10-4 说明了这一点。

【例 10-4】
```
#include <iostream.h>
class base
{   int i;
  protected:
      int j;
  public:
      int k;
      void seti(int a) { i = a; };
      int geti() { return i; };
};
class derived: protected base
{ public:
      void setj(int a) { j = a; };       // j, k 变成 derived 的保护成员
      void setk(int a) { k = a; };
      int getj() { return j; };
      int getk() { return k; };
};
main()
{   derived ob;

    //seti, geti, k 都是 derived 的保护成员,在它的外面不能访问
    ob.seti(10);          //出错,不能编译成功
    cout << ob.geti();    //出错,不能编译成功
    ob.k = 10;            //出错,不能编译成功

    //以下都是合法的
    ob.setk(10);
    cout << ob.getk() << ' ';
```

```
    ob.setj(12);
    cout << ob.getj() << ' ';
    return 0;
}
```

通过例 10-4 可看到，尽管 derived 对 k,j,seti() 和 base 中的 geti() 有访问权，但它们是 derived 的保护成员。它们不能被 base 或 berived 之外的代码访问。这样，在 main() 内，对这些成员的引用就是非法的。

总结 public,protected 和 private：类成员声明为 public 时，可由程序的任何部分访问。类成员声明为 private 时，只能由基类的成员访问，而且，派生类不能访问基类的私有成员。成员声明为 protected 时，只能被基类成员访问，但派生类也有可能访问基类的保护成员，这样，protected 允许成员被继承，但在类的层次内保持为私有。基类使用 public 而被继承时，其公有成员变成了派生成员的公有成员，保护成员成为派生类的保护成员。基类使用 protected 而被继承时，其公有成员和保护成员成为派生类的保护成员。基类使用 private 而被继承时，其公有成员和保护成员成为派生类的私有成员。在三种情况下，基类的私有成员对基类保持私有性，不被继承。

10.4 简单的多重继承

由于下面要讨论的一些问题与多重继承有关，故有必要先简单地介绍一下 C++ 的多重继承。在 C++ 中，一个派生类可能继承两个或多个基类，如例 10-5。

【例 10-5】
```
#include <iostream.h>
class base1
{   protected:
        int x;
    public:
        void showx() { cout << x << "\n"; }
};
class base2
{   protected:
        int y;
    public:
        void showy() { cout << y << "\n"; }
};
class derived: public base1, public base 2
```

```
    { public:
         void setxy( int i, int j) { x = i; y = j; }
    };
main()
{ derived ob;
  ob.setxy(20,40);
  ob.showx();
  ob.showy();
  return 0;
}
```

要记住简单的两点:多个基类的继承使用逗号分开,每个基类前面要使用访问限定符。

10.5 构造函数/析构函数的调用顺序

基类、派生类或者两者都可以含有构造函数和/或析构函数。当一个派生类的对象出现或消失时,理解这两个函数执行的顺序很重要。请看例 10-6 的程序。

【例 10-6】
```
#include   <iostream.h>
class base
{ public:
      base()   { cout << "Constructing base\n"; }
      ~base()  { cout << "Destructing base\n"; }
};
class derived:public base
{ public:
      derived()   { cout << "Constructing derived\n"; }
      ~derived()  { cout << "Destructing derived\n"; }
};
main()
{ derived ob;
  return 0;
}
```

执行时,这个程序显示:

Constructing base
Constructing derived
Destructing derived
Destructing base

通过例 10-6 可看出，生成一个派生类的对象时，如果基类有构造函数，则这个构造函数首先被调用，接着调用派生类的构造函数。派生对象删除时，其析构函数首先被调用，接着调用基类的析构函数（如果有的话）。不同的是，构造函数按它们派生的顺序来执行，而析构函数按与派生相反的顺序来执行。

10.6 给基类构造函数传递参数

使用派生类构造函数声明的扩展形式，可以把参数传给一个或多个基类的构造函数。这种扩展声明的一般形式如下：

```
derived_constructor(arg – list):base1(arg – list),
                               base2(arg – list),
                               ...
                               baseN(arg – list)
{
    body of derived constructor
}
```

此处，base1 至 baseN 是被派生类继承的基类。注意用冒号把派生类的构造函数声明和基类分开，并在多个基类的情况下用逗号把每个基类分开。考虑例 10-7 的程序。

【例 10-7】
```
#include   <iostream.h>
class base
{   protected:
        int i;
    public:
        base(int x) { i = x; cout << "Constructing base\n"; }
        ~base() { cout << "Destructing base\n"; }
};
class derived:public base
{   int j;
    public:
```

```
        // derived 的构造函数声明带有两个参数 x 和 y
        // derived()只使用 x,而 y 被传给 base()
        derived(int x,int y):base(y)
        {   j = x; cout << "Constructing derived\n"; }
        ~derived()    { cout << "Destructing derived\n"; }
        void show()   { cout << i << " " << j << "\n";}
};
main()
{
derived ob(3,4);
ob.show();    //displays 4 3
return 0;
}
```

一般地,派生类的构造函数必须声明类所要求的参数以及基类所要求的参数。基类所要求的任何参数都传给了冒号后面的基类参数列表。给基类构造函数的参数是通过派生类的构造函数的参数来传递的,理解这一点很重要。因此,尽管派生类的构造不使用任何参数,但只要基类带有一个或多个参数,就必须给派生类的构造函数声明一个或多个参数。

派生类的构造函数可以自由地使用任何一个或全部所声明的参数,不论是一个或多个参数都可传给基类。将参数传给基类并不会影响派生类对它的使用。例如,下面这个程序是合法的。

```
class derived:public base
   { int j;
public:
   //派生类 derived 使用了 x,y ,同时也把 x,y 传递给了基类 base
   derived(int x,int y):base(x,y)
      { j = x * y;
        cout << "Constructing derived\n";
      }
   //...
};
```

在向基类构造函数传递参数时最后要记住的一点是:正被传的参数可以含有此时合法的任何表达式,包括函数调用和变量。

10.7 访问的许可

基类作为私有的来继承时,此类的成员(公有的、保护的)都变成了派生类的私有成员。然而在某些环境中,可能希望把一个或两个成员恢复到基类原有的访问限定符。例如,尽管基类作为私有被继承,但可能希望把基类的某些公有成员在派生类中也认可为公有。要这样做,必须在派生类中使用访问声明,它恢复继承成员的访问级别到它的基类的级别。其一般形式为:

base – class::member;

如下列代码:

```
class base
{   public:
         int j;
};
class derived: private base      //私有继承
{   public:
        base::j;   //make j public again
        ...
};
```

由于 base 是由 derived 以私有来继承,j 在基类 base 中是公有变量,它在缺省方式下将会是派生类 derived 的私有变量。但在它的 public 标题下含有访问声明 "base::j;"就恢复了 j 的公有状态。

注意:可以使用访问声明来恢复公有和保护成员的访问权。但不能使用访问声明来提高或降低成员的访问状态。例如,在基类声明为私有成员不能在派生类中成为公有的。

【例 10-8】 下面的程序演示了访问声明的使用。

```
#include <iostream.h>
class base
{       int i;
     public:
        int j,k;
        void seti(int x) { i = x; }
        int geti() { return i; }
};
class derived: private base
{    public:
```

```
        int a;
        base::j;
        base::seti;
        base::geti;
        base::i;        //代码非法
};
main()
{
derived ob;
//ob.i = 10;            //代码非法
ob.j = 20;
//ob.k = 30;            //代码非法
ob.a = 40;
ob.seti(10);
cout << ob.geti() << " " << ob.j << " " << ob.a;
return 0;
}
```

10.8 虚 基 类

【例10-9】 阅读下面这段不正确的程序：

```
#include <iostream.h>
class base
{ public:
    int i;
};
class derived1: public base
{ public:
    int j;
};
class derived2: public base
{ public:
    int k;
};
class derived3: public derived1, public derived 2
{ public:
```

```
    int sum;
};
main(ovid)
{
derived3 ob;
ob.i = 10;
ob.j = 20;
ob.k = 30;
ob.sum = ob.i + ob.j + ob.k;
cout << ob.j << " " << ob.k << " ";
cout << ob.sum;
return 0;
}
```

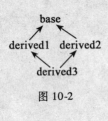

图 10-2

在程序中,derived1 和 derived2 都继承了 base。然而,derived3 继承了 derived1 和 derived2,如图 10-2 所示。作为结果,在类型 derived3 的结构中提供了两个 base 副本。那么,在表达式 ob.i = 10 中的 i 引用的究竟,是 derived1 的成员 i 还是 derived2 的成员 i 呢? 因为在对象 ob 中提供了两个 base 副本,就有两个 ob.i,可看出,此语句在继承 i 上含义不清。所以,多个基类被继承时有可能给C++程序引入含义不明确的元素。

使用虚基类可以防止在 derived3 中包含两个副本。当两个或多个对象由同一个基类派生时,在其被派生时可以把基类声明为虚基类以防止在派生的那些对象中提供多份基类副本,这样做:在基类被继承时在其前面放上关键字 virtual,作为 virtual 的基类继承保证了在任何派生类中只提供一个基类副本,如例 10-10 所示。

【例 10-10】
```
#include <iostream.h>
class base
{ public:
    int i;
};
class derived1: virtual public base
{ public:
    int j;
};
class derived2: virtual public base
```

```
    public:
        int k;
};
class derived3: public derived1, public derived2
{   public:
        int sum;
};
main(ovid)
{
derived3 ob;
ob.i=10;
ob.j=20;
ob.k=30;
ob.sum=ob.i+ob.j+ob.k;
cout<<ob.j<<" "<<ob.k<<" ";
cout<<ob.sum;
return 0;
}
```

由于 derived1 和 derived2 都作为虚基类继承 base，涉及的任意多个继承都只提供一个 base 副本。因此，derived3 中只有一个 base 副本，ob.i=10 是合法的，不是含义不清的。

思考题十

10.1 比较类的三种继承方式（public/protected/private）之间的区别。

10.2 派生类的构造函数被调用的次序是怎样的？

10.3 定义虚基类的作用是什么？

10.4 上机调试下列程序代码，并分析它的编译出错信息。

```
#include  <iostream.h>
class base
{ protected:
     int i,j;
  public:
     void set(int a, int b){i=a ; j=b;};
     void show(){cout<<i<<" "<<j<<"\n";};
```

```cpp
};
class derived1 : private base
{       int k;
    public:
        void setk() { k = i * j; }
        void showk() { cout << k << "\n"; }
};
class derived2 : public derived1
{   int m;
public:
    void setm()  { m = i - j; }
    void showm()  { cout << m << "\n"; }
};
main()
{   derived1 ob1;
    derived2 ob2;
    ob1. set(1,2);
    ob1. show();
    ob2. set (3,4)
    ob2. show();
return 0;
}
```

第十一章 多 态 性

【学习目的与要求】

通过这一章的学习,学生应着重掌握面向对象中最重要的特征:多态性。学生应明确怎样利用多态性进行面向对象程序设计开发,体会多态性所带来的好处。

11.1 指向派生类型的指针

在C++中,一个类型的指针一般不能指向另一个类型的对象。然而,基类指针和派生类指针却是例外,基类指针也可以指向由此基类派生的任何派生类的对象。例如,假设有一个名为 B_class 的基类和由它派生的名为 D_class 的类。C++中,任何声明为指向 B_class 的指针都可以是 D_class 的指针。因此假设:

Base_class * p;

Base_class B_ob;

Derived_class D_ob;

则下面的语句都是合法的:

p = &B_ob;

p = &D_ob;

这里,p 可用来访问由 Base_class 继承来的 Derived_class 的所有元素,但限定为 Derived_class 的元素不能用 p 来引用(除非使用类型强制转换)。

【例 11-1】

```
#include  < iostream. h >
#include  < string. h >
class Base_class
  {    char author[80];
    public:
      void put_author(char *c) { strcpy (author,s); }
      void show_author() { cout << author << " \n"; }
  };
class Derived_class : public Base_class
```

```
    char title[80];
public:
    void put_title(char *num) { strcpy(title,num); }
    void show_title() { cout << "Title:" << title << "\n"; }
};
main()
{
    Base_class *p;
    Base_class B_ob;
    Derived_class *dp;
    Dreived_class D_ob;
    p = &B_ob;
    p -> put_author("Liu Hong");
    p = &D_ob;
    p -> put_author("Wang Guo");
    B_ob.show_author();
    D_ob.show_author();

    dp = &D - ob;
    dp -> put_title("C++ Programming");
    p -> show_author();
    dp -> show_title();
    return 0;
}
```

程序运行结果如下：
Liu Hong
Wang Guo
Wang Guo
Title:C++ Programming

例 11-1 中，指针定义为指向 B_class 的，但它可以指向派生类 D_class 的一个对象，用来访问由基类继承来的派生类的元素。但要记住基类指针不能访问那些限制为派生类的元素。这就是为什么 show_title() 由指向派生类的指针 dp 指针来访问。

如果想用基类指针来访问由派生类定义的元素，那么就必须把基类指针强制转换为派生类型的指针。例如，下面这行代码将正确地调用 D_ob 的 show_title() 函数。

```
((D_class *)p) -> show_title();
```
要明白的另一点是,尽管基类指针可用来指向派生对象的任何类型,反过来却不行,即不能使用指向派生类的指针来访问基类的对象。

指向基类的指针可用来指向由此基类派生的派生类这一特性,是 C++ 实现运行时多态性的关键。

11.2 虚 函 数

运行时的多态性是由两个特性一起来实现的:继承和虚函数。

虚函数就是一种在基类中定义为 virtual 的函数,它在多个派生类中可重新定义。这样,每个派生类都有其自己的虚函数形式。当虚函数被基类指针调用时,C++ 根据由指针指向的对象类型来决定应该调用哪种形式的虚函数。而且,这种决定是在运行时作出的。这样,指向不同的对象时,就执行不同形式的虚函数。换句话说,是由所指的对象类型决定将要执行的虚函数的形式。因此,如果基类含有虚函数且多个派生类由此基类派生,则当基类指针指向不同的对象类型时,就执行不同的虚函数形式。

在其声明前面加上关键字 virtual 以在基类内声明虚函数。但由派生类重定义虚函数时,关键字 virtual 则不需要重复。

一个含有虚函数的类称为多态类。继承含有虚函数的基类也属于多态类。

【例 11-2】 考察下列程序:
```
#include <iostream.h>
class base
{ public:
    virtual void who() { cout << "Base\n"; }
};
class first_d:public base
{ public:
    void who() { cout << "First derivation\n"; }
};
class second_d:public base
{ public:
    void who() {  cout << "second derivation\n"; }
};
main()
{ base base_obj;
  base *p;
```

```
        first_d first_obj;
        second_d second_obj;
        p = &base_obj;
        p -> who();
        p = &first_obj;
        p -> who();
        p = &second_obj;
        p -> who();
        return 0;
}
```

程序运行结果如下:
Base
First derivation
Second derivation

分析例 11-2 程序,看看它是怎样工作的。

在基类 base 中,函数 who() 被声明为虚函数。这就意味着这个函数可以由派生类重定义。在基类 base 的两个派生类 first_d 和 second_d 中,重新定义了虚函数 who()。在 main() 中,定义了 4 个变量:base_obj 为类型 base 的对象;p 为指向 base 对象的指针;first_obj 和 second_obj,两个派生类的对象。接着,p 被赋予了 base_obj 的地址,调用了 who() 函数。因为 who() 被声明为虚函数,C++ 在运行时根据 p 所指的对象类型来决定该引用 who() 的哪一种形式。此时,p 指向类型 base 的一个对象,因此在 base 中声明的 who() 的形式被执行。接着,p 被赋予了 first_obj 的地址。在上一节中我们知道:基类指针可用来引用任何派生类。现在调用 who() 时,C++ 再次检查看 p 指向哪一种对象的类型,以决定调用 who() 的哪一种形式。因为 p 指向类型 first_d 的对象,所以 first_d 的 who() 被调用。类似地,p 被赋予了 second_obj 的地址时,就执行声明于 second_d 内的 who()。

从以上分析得出:在运行时决定调用哪种形式的虚函数是根据基类指针指向的对象类型来决定的。

虚函数可用标准的"对象/点"运算符语法进行正常调用。如使用下面的语句访问 who() 并没有语法错误:

  first_obj.who();

然而,采用这种方式调用虚函数忽略了其多态性的属性。只有通过基类指针来访问虚函数时,才能体现运行时的多态性。

11.3 继承虚函数

只要一个函数被声明为虚函数,不管进行了多少层的继承它都保持为虚函数。例如,如果 second_d 由 first_d 派生而不是从 base 派生(如下所示),则 who() 仍然是虚函数,仍能正确地选择其正确的形式。

```
class second_d: public first_d
{   public:
      void who() { cout << "Second derivation\n"; }
};
```

如果派生类不替换虚函数,则使用定义于基类中的虚函数。如例 11-2 中,派生类 second_d 不替换虚函数,如下所示。

```
class second_d:public base
{   public:
      // void who() { cout << "second derivation\n"; }
};
```

那么程序会输出如下结果:
Base
First derivation
Base

继承的 virtual 特点是有层次的。如果在上文中 second_d 是从 first_d 派生的,则 who() 是相对于类型 second_d 的对象被引用时而声明于 first_d 内的 who() 的形式,如下所示:

```
class second_d:public first_d
{   public:
      // void who() { cout << "second derivation\n"; }
};
```

那么程序会输出如下结果:
Base
First derivation
First derivation

可以看到,现在 second_d 使用 first_d 的 who() 的形式,因为这个形式最靠近继承链。

11.4 多态性的优点

成功地应用多态性,要明白一点的是:基类与派生类定义形成一个层次结构,体现从一般到特殊的规律。这样,就允许一般化的类(基类)来定义那些对特殊化的类(派生类)来说都通用的函数(虚函数),同时,还允许这些派生类来定义对这些函数的特定实现。在这里,反映出多态性一个重要的优点:"一个接口,多种方法"。它保持了派生类定义接口的灵活性,又保持了接口的一致性。

多态性的优点还体现在由第三方提供的类库上。类库能提供大量的通用类,在这些通用类中可以定义通用的接口。当使用者开发应用程序时,就可以由通用类继承下来生成所需的派生类,这些派生类各自对通用的接口加以定义。这样,调用接口的形式是统一的,而具体的接口实现是不同的,以满足特殊的需要,以保持应用程序的稳定性。

为了加深理解,请看例 11-3。

【例 11-3】

```
#include <iostream.h>
class figure
    {  protected:
          double x,y;
       public:
          void set_dim(double i,double j) {  x=i;  y=i;  }
          virtual void show_area() {  cout << "no defined\n"; }
    };
class triangle:public figure
    {  public:
          void show_area()
            { cout << "Triangle with height " << x << " and base " << Y;
              cout << x*.0.5*y << ".\n";
            }
    };
class square:public figure
    {  public:
          void show_area()
            { cout << "Square with dimensions " << x <<" * "<< y <<" has an area of ";
              cout << x*y << ".\n";
            }
    };

main()
```

```
    figure *p;

    triangle t;
    square s;
    circle c;

    p = &t;
    p -> set_dim(10.0 , 5.0);
    p -> show_area();

    p = &s;
    p -> set_dim(100.0 , 5.0);
    p -> show_area();

    return 0;
}
class circle:public figure {
    //no definition of show - area() will cause an error
};
```

从例 11-3 看出,尽管 triangle,square 各自计算面积的 show_area()方法不同,但接口的形式却是一样的。

11.5 纯虚函数和抽象类

纯虚函数是一个在其基类中没有定义的虚函数,而任何它的派生类都必须定义自己的虚函数形式。要声明一个纯虚函数,可使用下面的通用形式:

virtual type func – name (parameter – list) = 0;

此处,type 是函数的返回类型,func – name 是函数名。

```
class figure {
    double x,y;
public:
    void set_dim(double i,double j = 0) {
        x = i;
        y = j;
    }
```

```
virtual void show_area() = 0;//pure
};
```

通过把虚函数声明为纯虚函数,可以强迫任何派生类来定义自己的实现。如果一个类没有这么做,编译器就报告错误。

如果一个类至少有一个纯虚函数,则这个类被称为抽象类。抽象类有一个重要特征:可以没有此类的对象,并且抽象类必须用做其他类将要继承的基类。抽象类不能用来声明对象的原因当然是它的一个或多个函数没有定义。然而,尽管这个基类是抽象类,仍然可以用它来声明指针,用来支持运行时间的多态性。

编译时间多态性特征是运算符和函数的重载。运行时间多态性是由虚函数来实现的。

思考题十一

11.1 什么是多态性?它能带来什么样的好处?
11.2 在 C++ 中是如何实现多态性的?
11.3 为什么要在基类中定义虚函数?
11.4 通过上机实践,完成下列程序,以验证抽象类、纯虚函数、多态性等概念:
声明一个抽象类 shape(虚形),并由它派生出两个类:Rectangle(实形正方形)与 Circle(实形圆),它们都有求面积和求周长的函数。